机器视觉系统应用
实训工作单

主　编　陈　坚　呼志刚（企业）
副主编　曾思通　林承志　邹兴宇
　　　　张秀霞　许鸿萍
主　审　李西兵　王　莉（企业）

北京理工大学出版社
BEIJING INSTITUTE OF TECHNOLOGY PRESS

目　录

项目一　机器视觉基础及硬件选型

任务一　工业相机认知及选型

任务描述：

产品如图 1-1 所示，在表 1-1 中选择合适的相机，检测要求如下：

（1）检测产品大小：67 mm×45 mm，检测产品的尺寸及缺陷检测。

（2）产品在运动中检测，产线速度为 0.2 m/s。

（3）检测速度：120 个/min。

（4）测量精度：0.05 mm。

（5）没有颜色检测要求，产品为银白色。

（6）通信距离为 12 m。

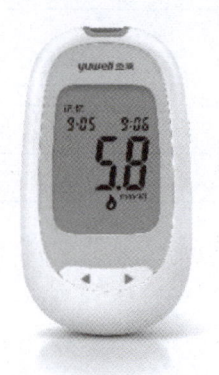

图 1-1　血糖仪

表 1-1　工业相机参数

类别	暂命名	分辨率	帧率/fps	曝光模式	颜色	芯片大小	像元大小	接口	像素
2D 相机	相机 A	1280×1024	>20	全局	黑白	1/2″	4.8 μm	USB	130 万
2D 相机	相机 B	2592×2048	>20	全局	黑白	2/3″	3.2 μm	GigE	500 万
2D 相机	相机 C	2592×1944	>20	卷帘	彩色	1/2.5″	2.2 μm	GigE	500 万
3D 相机	相机 D	1280×1024	/	/	/	/	/	GigE	130 万

任务编号	任务一	任务名称	工业相机认知及选型		
姓名		学号		班级	日期

一、引导问题

（1）工业相机按芯片类型分为_____和_____两种类型，按传感器结构特征分为_____相机和_____相机。

（2）CCD 相机的图像质量通常比 CMOS 相机更高，但其主要缺点是_____。在需要较高色彩还原和图像细节的场景中，通常优先选择_____相机。

（3）面阵相机可以一次性采集到完整的二维图像，而线阵相机需要通过_____的方式来获取图像，因此线阵相机常用于_____检测等需要高精度的场景。

（4）相机的分辨率越高，图像越清晰。分辨的单位通常为_____乘以_____。例如，500万 px 的相机分辨率为_____×_____。

（5）工业相机常用的数据接口有 USB、_____和_____。在需要高速传输的场景中，_____接口是一个常用的选择。

二、工作计划

小组分工：

班级		日期	
小组名称		组长	
组员	姓名		任务分工

任务包含：

三、任务实施

（一）列出选用的设备器件和工具耗材

设备器件和工具耗材清单表

序号	名称	型号规格	单位	数量
1				
2				
3				
4				
5				
6				
7				

（二）工作流程思路

1. 补充流程图

```
┌─────────┐      ┌─────────┐      ┌─────────┐
│ 确定相机的 │ ───> │  确定视场  │ ───> │          │
│   类型   │      │          │      │          │
└─────────┘      └─────────┘      └─────────┘
                                        │
                                        ↓
┌─────────┐      ┌─────────┐      ┌─────────┐
│ 确定相机品 │ <─── │          │ <─── │ 确定相机快 │
│  牌型号  │      │          │      │  门类型   │
└─────────┘      └─────────┘      └─────────┘
```

2. 填写流程步骤

（1）根据现场与工件情况挑选工业相机的工作步骤与技能要点。

步骤1：_____；

步骤2：_____；

步骤3：_____；

步骤4：_____；

步骤5：_____；

步骤6：_____。

技能要求：_____。

（2）工业相机的视场计算步骤。

步骤1：_____；

步骤2：_____；

步骤3：_____；

步骤4：_____；

步骤5：_____；

步骤6：_____。

技能要求：_____。

（3）工业相机分辨率计算步骤。

步骤1：_____；

步骤2：_____；

步骤3：_____；

步骤4：_____；

步骤5：_____；

步骤6：_____。

技能要求：_____。

（4）确认工业相机快门类型。

步骤1：_____；

步骤2：_____；

步骤3：_____；

步骤4：_____；

步骤5：_____；

步骤6：_____。

技能要求：_____。

（5）确认工业相机接口方式。

步骤1：_____；

步骤2：_____；

步骤3：_____；

步骤4：_____；

步骤5：_____；

步骤6：_____。

技能要求：_____。

（6）根据所计算出的数据，对工业相机选型进行验证。

步骤1：_____；

步骤2：_____；

步骤3：_____；

步骤4：_____；

步骤5：_____；

步骤6：_____。

技能要求：_____。

四、考核评价

评分项目	评分标准	分值	自评得分	教师评分
方案设计	任务解读正确，小组分工合理	20		
知识掌握	了解工业相机的类型和基本参数	30		
任务完成情况	掌握工业相机的选型方法，完成工业相机的选型任务	30		
职业素养	遵守操作规程，养成严谨科学的工作态度，并能够与团队做好分工合作	20		
合计		100		

教师签名：_____   日期：_____

任务二　工业镜头认知及选型

任务描述：

已知相机为 MV-CS050-20GM（分辨率 2592×2048，像元尺寸 $3.2\ \mu m \times 3.2\ \mu m$），视野大小为 77 mm×55 mm，工作距离为 220~260 mm，镜头为 25 mm 焦距镜头，要求精度为 0.04 mm，则应该选用多少焦距的镜头？

在根据任务所提供的参数中，推算出合适的镜头焦距，以及在合理的工作距离中所呈现的视野大小及实际精度，具体参数如表 1-2 所示。

表 1-2　工业镜头参数

类别	暂命名	支持分辨率（优于）	焦距/倍率	最大光圈	工作距离	支持芯片大小
工业镜头	镜头 A	500 万像素	8 mm	F2.8	>100 mm	2/3″
工业镜头	镜头 B	500 万像素	16 mm	F2.8	>100 mm	2/3″
工业镜头	镜头 C	500 万像素	25 mm	F2.8	>100 mm	2/3″
远心镜头	镜头 D	500 万像素	0.3X	F2.8	140 mm	2/3″

工作单

任务编号		任务名称		工业镜头认知及选型			
姓名		学号		班级		日期	

一、引导问题

（1）镜头的主要功能是进行_____，镜头的关键指标包括分辨率、_____、景深和各种像差。

（2）根据焦距分类，工业镜头可以分为_____镜头和_____镜头；根据光圈分类，可以分为_____光圈和_____光圈。

（3）焦距计算公式为：焦距 f =（靶面尺寸_____）×工作距离/视野。按长边计算的公式为：f =（3.2×2592×220）/77 = _____ mm。

（4）光圈值越大（即光圈越小），图像亮度_____，景深_____，分辨率_____。

（5）工业镜头的放大倍数公式为：放大倍率 β = _____ / _____ = 芯片尺寸 / 视场。

二、工作计划

小组分工：

班级		日期	
小组名称		组长	
	姓名	任务分工	
组员			

任务包含：

三、任务实施

（一）列出选用的设备器件和工具耗材

设备器件和工具耗材清单表

序号	名称	型号规格	单位	数量
1				
2				
3				
4				
5				
6				
7				

（二）工作流程思路

1. 补充流程图

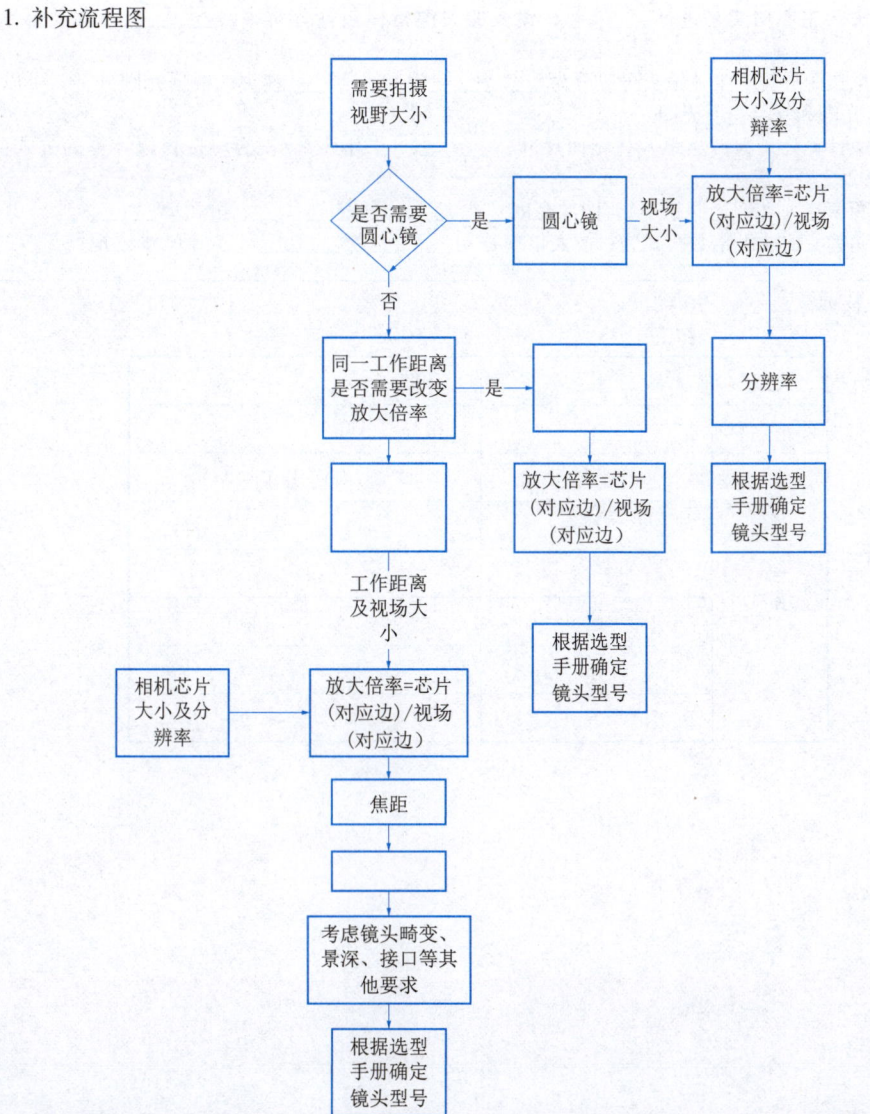

2. 填写流程步骤

（1）根据现场与工件情况挑选工业镜头的工作步骤与技能要点。

步骤1：_____；

步骤2：_____；

步骤3：_____；

步骤4：_____；

步骤5：_____；

步骤6：_____。

技能要求：_____。

（2）工业镜头的焦距计算步骤。

步骤1：_____；

步骤2：_____；

步骤3：_____；

步骤4：_____；

步骤5：_____；

步骤6：_____。

技能要求：_____。

（3）确认镜头型号。

步骤1：_____；

步骤2：_____；

步骤3：_____；

步骤4：_____；

步骤5：_____；

步骤6：_____。

技能要求：_____。

（4）根据所计算出的数据，对工业镜头选型进行验证。

步骤1：_____；

步骤2：_____；

步骤3：_____；

步骤4：_____；

步骤5：_____；

步骤6：_____。

技能要求：_____。

四、考核评价

评分项目	评分标准	分值	自评得分	教师评分
方案设计	任务解读正确，小组分工合理	20		
知识掌握	了解工业镜头的类型和基本参数	30		
任务完成情况	掌握工业镜头的选型方法，完成工业镜头的选型任务	30		
职业素养	遵守操作规程，养成严谨科学的工作态度，并能够与团队做好分工合作	20		
合计		100		

教师签名：_____　　　日期：_____

任务三 光源的认知与选型

任务描述：

测量图 1-2 所示军工刀的尺寸，表面经常出现飞边及反光，会大大影响美观和实用性，因而需要在检测环节将此种不合格品挑选出来，但是飞边不易观察，需要选择合适的光源，同时需要避免反光以及将飞边示出来，以便后续的检测。

可选择的光源共三种，编号分别为光源 A、光源 B、光源 C，分别为背光源、条形光源、环形光源。

环境条件：在光线充足的环境。

硬件条件：选用黑白相机及合适镜头。

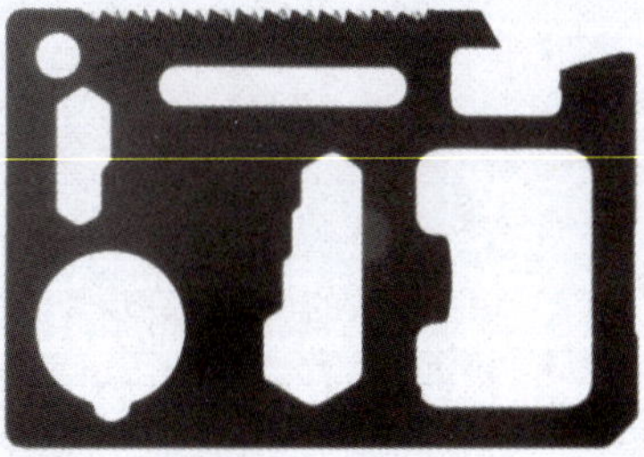

图 1-2 军工刀

工作单

任务编号	任务三	任务名称	光源的认知与选型			
姓名		学号		班级		日期	

一、引导问题

（1）选择合适的光源对于机器视觉系统至关重要，因为它可以帮助获得更清晰的图像，提高_____和_____的检测精度。

（2）LED 光源的一个显著特点是其_____，使其在工业应用中非常受欢迎。

（3）条形光源常用于_____和_____的检测，能够避免正面照射产生的强烈反光。

（4）_____光源适合不反光物体的检测，主要用于扩散表面的照明。

（5）选择光源时，应考虑待检对象的_____、_____及检测区域的大小，以确定光源的类型和参数。

二、工作计划

小组分工：

班级		日期	
小组名称		组长	
组员	姓名		任务分工

任务包含：

三、任务实施

（一）列出选用的设备器件和工具耗材

设备器件和工具耗材清单表

序号	名称	型号规格	单位	数量
1				
2				
3				
4				
5				
6				
7				

（二）工作流程思路

1. 补充流程图

确定光源颜色 → 确定打开方式和光源形状 → ☐ → 确定光源功率

2. 填写流程步骤。

（1）根据现场与工件情况挑选工业光源的工作步骤与技能要点。

步骤1：_____；
步骤2：_____；
步骤3：_____；
步骤4：_____；
步骤5：_____；
步骤6：_____。
技能要求：_____
_____。

（2）确定光源打光方式和光源形状。

步骤1：_____；
步骤2：_____；
步骤3：_____；
步骤4：_____；
步骤5：_____；
步骤6：_____。
技能要求：_____
_____。

（3）确认光源尺寸及功率。

步骤1：_____；
步骤2：_____；
步骤3：_____；
步骤4：_____；
步骤5：_____；
步骤6：_____。
技能要求：_____
_____。

四、考核评价

评分项目	评分标准	分值	自评得分	教师评分
方案设计	任务解读正确,小组分工合理	20		
知识掌握	了解光源的类型及特点	30		
任务完成情况	掌握光源的选型方法, 完成工业光源的选型任务	30		
职业素养	遵守操作规程,养成严谨科学的工作态度, 并能够与团队做好分工合作	20		
合计		100		

教师签名:_____   日期:_____

项目二　机器视觉软件基本操作

任务一　机器视觉软件图像采集

任务描述：

通过工业相机与 VisionMaster 软件的连接，完成实时取图，或者导入本地图片，如图 2-1 所示。

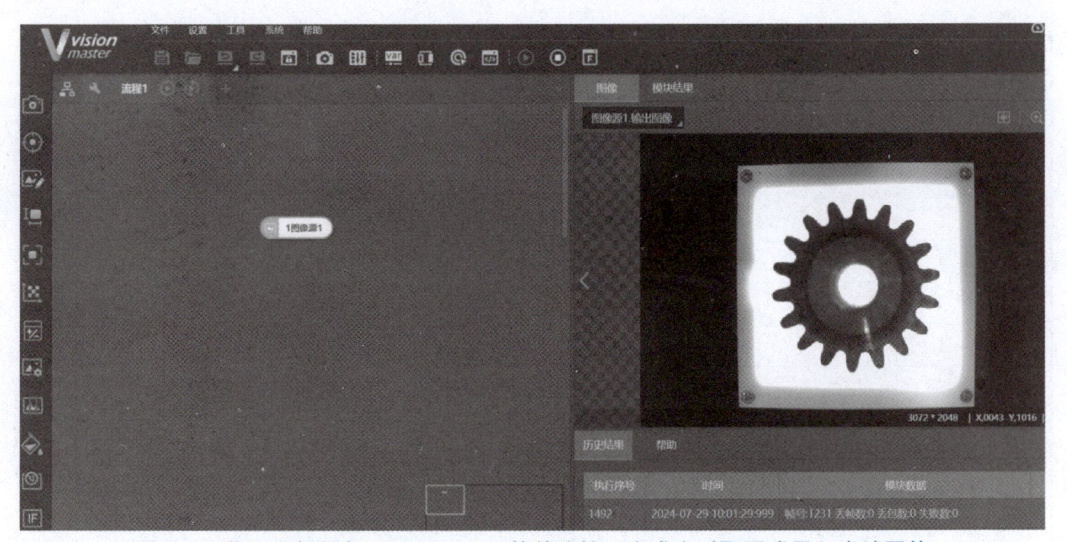

图 2-1　将工业相机与 VisionMaster 软件连接，完成实时取图或导入本地图片

工作单

任务编号	任务一	任务名称	机器视觉软件图像采集			
姓名		学号		班级		日期	

一、引导问题

（1）学习机器视觉软件的第一步是建立与_____的连接，以完成图像采集。

（2）常用的机器视觉软件包括_____、_____、_____和_____，它们各具特色，适用于不同的应用场景。

（3）VisionMaster 软件的特点包括_____、_____和性能优秀，适用于多种视觉应用。

（4）在 VisionMaster 软件的初始界面中，可以选择的方案包括_____、_____、缺陷检测和用于识别。

（5）在设置像素格式时，黑白图像应选择_____格式，彩色图像应选择_____格式。

二、工作计划

小组分工：

班级		日期	
小组名称		组长	
	姓名	任务分工	
组员			

任务包含：

三、任务实施

（一）列出选用的设备器件和工具耗材

设备器件和工具耗材清单表

序号	名称	型号规格	单位	数量
1				
2				
3				
4				
5				
6				
7				

（二）工作流程思路

1. 补充流程图

连接工业相机 → □ → 完成相机实时取图

2. 填写流程步骤

（1）连接工业相机的工作步骤与技能要点。

步骤1： ；

步骤2： ；

步骤3： ；

步骤4： ；

步骤5： ；

步骤6： 。

技能要求： 。

（2）完成软件图像源参数设置的步骤。

步骤 1：_____；

步骤 2：_____；

步骤 3：_____；

步骤 4：_____；

步骤 5：_____；

步骤 6：_____。

技能要求：_____。

四、考核评价

评分项目	评分标准	分值	自评得分	教师评分
方案设计	任务解读正确，小组分工合理	20		
知识掌握	了解常用机器视觉软件及 VisionMaster 软件功能	30		
任务完成情况	掌握 VisionMaster 软件的图像采集方法，完成软件的图像采集任务	30		
职业素养	遵守操作规程，养成严谨科学的工作态度，并能够与团队做好分工合作	20		
合计		100		

教师签名：_____　　日期：_____

任务二　机器视觉软件模板匹配

任务描述：

掌握 VisionMaster 软件的模板匹配功能，通过模板匹配识别出工件的轮廓，工件如图 2-2 所示，要求机器视觉软件能够识别出零件的像素点轮廓，在旋转工件角度时也能准确识别。

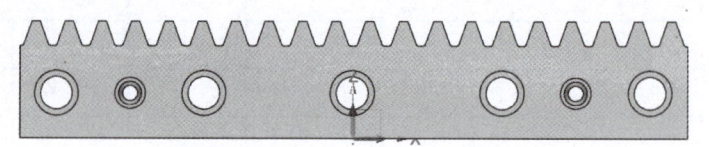

图 2-2　模板匹配工件

任务编号	任务二	任务名称	机器视觉软件模板匹配			
姓名		学号		班级		日期

一、引导问题

（1）模板匹配在机器视觉中主要用于_____与_____的定位与识别。

（2）VisionMaster 软件支持多种模板匹配，特征匹配分为_____和_____。两者的区别是_____。

（3）基于特征的模板匹配方法首先提取模板图像和待检测图像中的_____，然后比较这些特征之间的相似度。

（4）在进行模板匹配时，用户可以设置_____区域，以提高匹配效率。

（5）最小匹配分数表示模板与待检测图像中目标的_____程度阈值。

二、工作计划

小组分工：

班级		日期	
小组名称		组长	
	姓名	任务分工	
组员			

任务包含：

三、任务实施

（一）列出选用的设备器件和工具耗材

设备器件和工具耗材清单表

序号	名称	型号规格	单位	数量
1				
2				
3				
4				
5				
6				
7				

（二）工作流程思路

1. 补充流程图

```
连接相机图像 → 选用模板匹配 → [          ] → 识别工件像素
采集                                            轮廓
```

2. 填写流程步骤

（1）选用模板匹配的工作步骤与技能要点。

步骤1：_____；

步骤2：_____；

步骤3：_____；

步骤4：_____；

步骤5：_____；

步骤6：_____。

技能要求：_____。

（2）完成模板匹配参数设置的步骤与技能要点。

步骤1：_____；

步骤2：_____；

步骤3：_____；

步骤4：_____；

步骤5：_____；

步骤6：_____。

技能要求：_____。

四、考核评价

评分项目	评分标准	分值	自评得分	教师评分
方案设计	任务解读正确，小组分工合理	20		
知识掌握	了解 VisionMaster 软件模板匹配功能	30		
任务完成情况	掌握 VisionMaster 软件的模板匹配操作方法，完成软件的模板匹配任务	30		
职业素养	遵守操作规程，养成严谨科学的工作态度，并能够与团队做好分工合作	20		
合计		100		

教师签名：_____ 日期：_____

任务三　机器视觉软件通信设置

任务描述：

完成机器视觉软件 VisionMaster 与通信助手的通信连接，实现触发信号和检测数据的传输。通信助手软件通过 TCP 服务端发送触发信号（K1）给 VisionMaster，VisionMaster 接收到触发信号（K1）后触发拍照并识别图像中的小方块数量数据，然后将数据发送回通信助手。

任务编号	任务三	任务名称	机器视觉软件通信设置		
姓名		学号		班级	日期

一、引导问题

（1）在机器视觉系统中，需要将图像处理后的数据传输给其他设备，如＿＿＿＿和＿＿＿＿。

（2）常用的机器视觉通信方式包括网口通信、串口通信和＿＿＿＿。

（3）TCP 协议被广泛应用于＿＿＿＿的通信，确保数据的可靠传输。

（4）在 VisionMaster 中，接收数据模块可以从＿＿＿＿、通信设备或全局变量中获取数据。

（5）通过＿＿＿＿解析工具，可以将发送的字符串分割为多个可读取的变量。

二、工作计划

小组分工：

班级		日期	
小组名称		组长	
组员	姓名	任务分工	

任务包含：

三、任务实施

（一）列出选用的设备器件和工具耗材

设备器件和工具耗材清单表

序号	名称	型号规格	单位	数量
1				
2				
3				
4				
5				
6				
7				

（二）工作流程思路

1. 补充流程图

| 启动通信软件 | → | 添加通信设备 | → | | → | | → | 保存通信 |

2. 填写流程步骤

（1）机器视觉软件通信设置的工作步骤与技能要点。

步骤1：_____；

步骤2：_____；

步骤3：_____；

步骤4：_____；

步骤5：_____；

步骤6：_____。

技能要求：_____。

（2）完成通信连接的步骤与技能要点。

步骤1：_____；

步骤2：_____；

步骤3：_____；

步骤4：_____；

步骤5：_____；

步骤6：_____。

技能要求：_____。

四、考核评价

评分项目	评分标准	分值	自评得分	教师评分
方案设计	任务解读正确，小组分工合理	20		
知识掌握	了解常用的通信协议及 VisionMaster 软件通信设置	30		
任务完成情况	掌握 VisionMaster 软件的通信设置方法，完成软件的通信连接任务	30		
职业素养	遵守操作规程，养成严谨科学的工作态度，并能够与团队做好分工合作	20		
合计		100		

教师签名：_____   日期：_____

项目三　机器视觉系统标定

任务一　标定板标定

任务描述：

根据图 3-1 所提供的棋盘格标定板（25mm），完成工业视觉系统的相机标定。

图 3-1　棋盘格标定板

工作单

任务编号		任务一	任务名称	标定板标定			
姓名			学号		班级		日期	

一、引导问题

（1）相机标定的目的是为了得到空间点与像素坐标的_____，从而获取相机的内参和外参，并校正透镜的_____。

（2）在相机标定中，世界坐标系、相机坐标系、图像物理坐标系和像素坐标系四个坐标系之间的转换关系可以表示为_____。

（3）棋盘格标定板通过_____检测来建立图像坐标系与世界坐标系之间的关系，而圆形标定板则由一系列_____组成。

（4）VisionMaster 软件中的标定参数包括原点坐标、旋转角度、物理尺寸和标定板类型，其中物理尺寸指的是棋盘格每个黑白格的_____，单位是_____。

（5）在标定板的自由度设置中，缩放、旋转和_____对应不同的变换方式，如"透视变换"和"仿射变换"。

二、工作计划

小组分工：

班级		日期	
小组名称		组长	
组员	姓名	任务分工	

任务包含：

三、任务实施

（一）列出选用的设备器件和工具耗材

设备器件和工具耗材清单表

序号	名称	型号规格	单位	数量
1				
2				
3				
4				
5				
6				
7				

（二）工作流程思路

1. 补充流程图

环境准备 → 标定板安装与选择 → ☐ → 标定板参数配置 → 保存标定文件

2. 填写流程步骤

（1）连接标定板标定的工作步骤与技能要点。

步骤1：＿＿＿＿＿＿＿＿＿＿＿＿＿＿＿＿＿＿＿＿＿＿＿＿＿＿＿＿＿＿＿＿＿；

步骤2：＿＿＿＿＿＿＿＿＿＿＿＿＿＿＿＿＿＿＿＿＿＿＿＿＿＿＿＿＿＿＿＿＿；

步骤3：＿＿＿＿＿＿＿＿＿＿＿＿＿＿＿＿＿＿＿＿＿＿＿＿＿＿＿＿＿＿＿＿＿；

步骤4：＿＿＿＿＿＿＿＿＿＿＿＿＿＿＿＿＿＿＿＿＿＿＿＿＿＿＿＿＿＿＿＿＿；

步骤5：＿＿＿＿＿＿＿＿＿＿＿＿＿＿＿＿＿＿＿＿＿＿＿＿＿＿＿＿＿＿＿＿＿；

步骤6：＿＿＿＿＿＿＿＿＿＿＿＿＿＿＿＿＿＿＿＿＿＿＿＿＿＿＿＿＿＿＿＿＿。

技能要求：＿＿＿＿＿＿＿＿＿＿＿＿＿＿＿＿＿＿＿＿＿＿＿＿＿＿＿＿＿＿＿。

（2）完成标定参数设置。

步骤1：＿＿＿＿＿＿＿＿＿＿＿＿＿＿＿＿＿＿＿＿＿＿＿＿＿＿＿＿＿＿＿＿＿；

步骤2：＿＿＿＿＿＿＿＿＿＿＿＿＿＿＿＿＿＿＿＿＿＿＿＿＿＿＿＿＿＿＿＿＿；

步骤3：＿＿＿＿＿＿＿＿＿＿＿＿＿＿＿＿＿＿＿＿＿＿＿＿＿＿＿＿＿＿＿＿＿；

步骤4：＿＿＿＿＿＿＿＿＿＿＿＿＿＿＿＿＿＿＿＿＿＿＿＿＿＿＿＿＿＿＿＿＿；

步骤5：＿＿＿＿＿＿＿＿＿＿＿＿＿＿＿＿＿＿＿＿＿＿＿＿＿＿＿＿＿＿＿＿＿；

步骤6：＿＿＿＿＿＿＿＿＿＿＿＿＿＿＿＿＿＿＿＿＿＿＿＿＿＿＿＿＿＿＿＿＿。

技能要求：＿＿＿＿＿＿＿＿＿＿＿＿＿＿＿＿＿＿＿＿＿＿＿＿＿＿＿＿＿＿＿。

四、考核评价

评分项目	评分标准	分值	自评得分	教师评分
方案设计	任务解读正确，小组分工合理	20		
知识掌握	理解相机标定的基本概念和原理，包括标定板标定的基本流程	30		
任务完成情况	能够运用标定软件或工具进行相机标定，并正确解读标定结果	30		
职业素养	遵守操作规程，养成严谨科学的工作态度，并能够与团队做好分工合作	20		
合计		100		

教师签名：＿＿＿＿＿＿＿＿　日期：＿＿＿＿＿＿＿＿

任务二　手眼标定

任务描述：

利用图3-1所示的25 mm棋盘格标定板，采用N点标定法，在眼在手外（Eye-To-Hand）类型下，完成机器视觉系统的手眼标定。

任务编号	任务一	任务名称	手眼标定			
姓名		学号		班级	日期	

一、引导问题

（1）手眼标定的目的是确定相机与机器人末端执行器之间的＿＿＿＿＿和姿态关系，从而实现视觉信息的准确转换和应用。

（2）在手眼标定中，眼在手外的情况下，摄像机固定而机械臂在其工作范围内＿＿＿＿＿。

（3）手眼标定涉及多个坐标系，包括基础坐标系、机械臂末端坐标系、相机坐标系和＿＿＿＿＿坐标系。

（4）N点标定通过记录标定点在图像中的像素坐标和机器人末端执行器的物理坐标，来计算＿＿＿＿＿。

（5）在N点标定中，通常选择的点数大于＿＿＿＿＿，常用的是9点或16点。

二、工作计划

小组分工：

班级		日期	
小组名称		组长	
组员	姓名		任务分工

任务包含：

三、任务实施

（一）列出选用的设备器件和工具耗材

设备器件和工具耗材清单表

序号	名称	型号规格	单位	数量
1				
2				
3				
4				
5				
6				
7				

（二）工作流程思路

1. 补充流程图

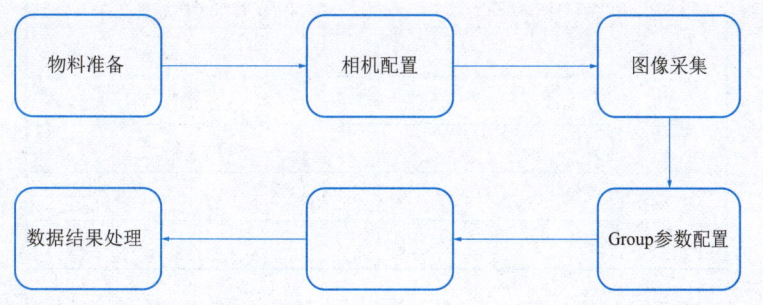

2. 填写流程步骤

（1）手眼标定的工作步骤与技能要点。

步骤1：_____；

步骤2：_____；

步骤3：_____；

步骤4：_____；

步骤5：_____；

步骤6：_____。

技能要求：_____。

（2）完成手眼标定参数设置。

步骤1：_____；

步骤2：_____；

步骤3：_____；

步骤4：_____；

步骤5：_____；

步骤6：_____。

技能要求：_____。

四、考核评价

评分项目	评分标准	分值	自评得分	教师评分
方案设计	任务解读正确，小组分工合理	20		
知识掌握	理解手眼标定的基本概念和原理	30		
任务完成情况	熟练运用 VisionMaster 软件进行手眼标定，并能正确解读和分析标定结果	30		
职业素养	遵守操作规程，养成严谨科学的工作态度，并能够与团队做好分工合作	20		
合计		100		

教师签名： _____   日期： _____

项目四　机器视觉系统测量应用

任务一　军刀卡尺寸测量

任务描述：

利用机器视觉系统测量出军刀卡工件的尺寸，需测量军刀卡的两个圆的圆心位置及半径，并测量出最大的圆到右侧边缘的距离。军刀卡如图4-1所示。

图4-1　军刀卡

工作单

任务编号		任务一	任务名称	军刀卡尺寸测量			
姓名		学号		班级		日期	

一、引导问题

（1）机器视觉系统在工业测量中的应用原理和优势包括高效率、_____和准确性。

（2）直线查找中，边缘类型共有四种，分别为"最强""第一条""最后一条"和_____。

（3）边缘检测是图像处理中的一种常用算法，用于确定物体边界的_____。

（4）圆查找的边缘极性模式包括"从黑到白""从白到黑"和_____。

（5）机器视觉软件中常用的测量工具共有六种类型，包括线圆测量、圆圆测量、点圆测量、点线测量、线线测量和_____。

二、工作计划

小组分工：

班级		日期	
小组名称		组长	
组员	姓名	任务分工	

任务包含：

三、任务实施

（一）列出选用的设备器件和工具耗材

设备器件和工具耗材清单表

序号	名称	型号规格	单位	数量
1				
2				
3				
4				
5				
6				
7				

（二）工作流程思路

1. 补充流程图

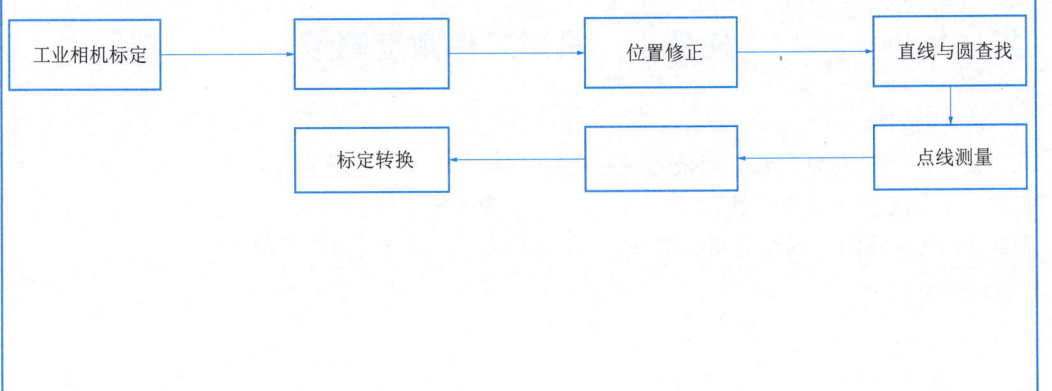

2. 填写流程步骤

（1）军刀卡尺寸测量的工作步骤与技能要点。

步骤1：_____；

步骤2：_____；

步骤3：_____；

步骤4：_____；

步骤5：_____；

步骤6：_____。

技能要求：_____。

（2）军刀卡尺寸测量的软件操作工作步骤。

步骤1：_____；

步骤2：_____；

步骤3：_____；

步骤4：_____；

步骤5：_____；

步骤6：_____。

技能要求：_____。

四、考核评价

评分项目	评分标准	分值	自评得分	教师评分
方案设计	任务解读正确，小组分工合理	20		
知识掌握	了解军刀卡尺寸测量的原理及方法	30		
任务完成情况	掌握工业相机的选型方法，完成工业相机的选型任务	30		
职业素养	遵守操作规程，养成严谨科学的工作态度，并能够与团队做好分工合作	20		
合计		100		

教师签名：_____ 日期：_____

任务二　机械工件角度测量

任务描述：

要求采用机器视觉系统测量不锈钢机械工件的尺寸，根据测量的尺寸判断是否为合格工件。机械工件如图4-2所示，a、b、c、d、e为机械工件四周角度，f、g为大圆与小圆的半径，h为大圆圆心到小圆圆心距离，i为小圆圆心到上方边缘垂直距离。

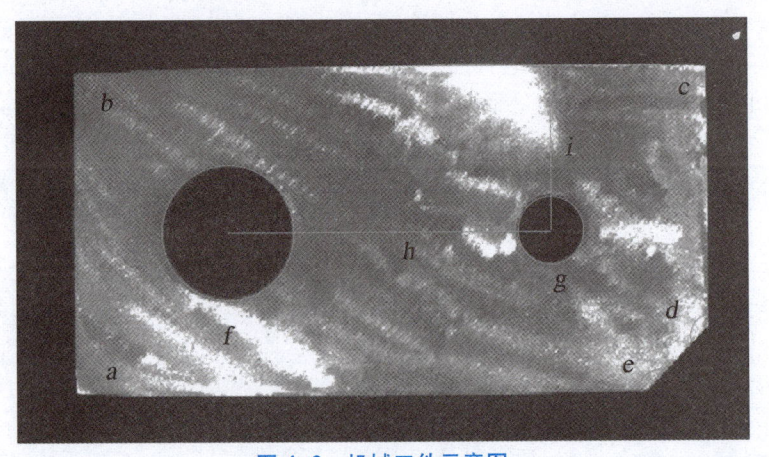

图 4-2　机械工件示意图

工作单

任务编号	任务二	任务名称	机械工件角度测量			
姓名		学号		班级		日期	

一、引导问题

（1）什么是机器视觉测量技术？ _____。

（2）在机器视觉尺寸测量中，通常涉及哪些尺寸参数的测量？ _____。

（3）长度测量可分为_____和_____两种方式。

（4）角度测量采用_____方式。

二、工作计划

小组分工：

班级		日期	
小组名称		组长	
组员	姓名	任务分工	

任务包含：

三、任务实施

（一）列出选用的设备器件和工具耗材

设备器件和工具耗材清单表

序号	名称	型号规格	单位	数量
1				
2				
3				
4				
5				
6				
7				

（二）工作流程思路

1. 补充流程图

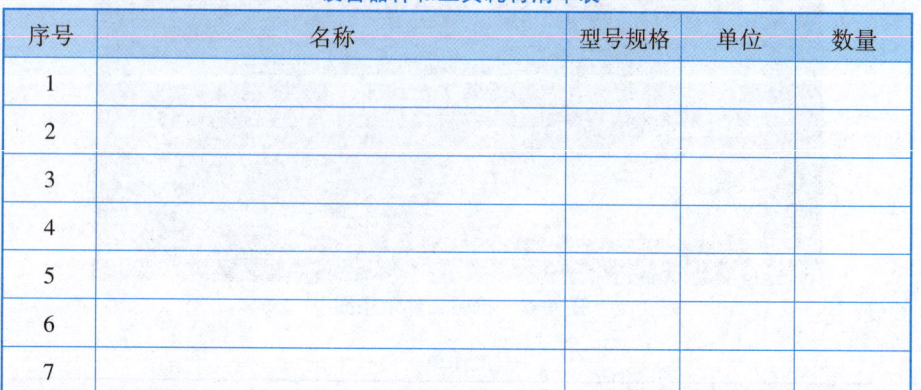

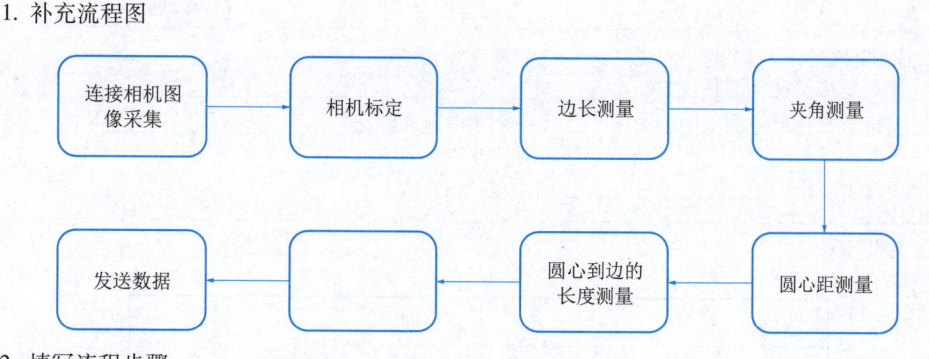

2. 填写流程步骤

（1）机械工件测量的工作步骤与操作方法。

步骤1：_____；
步骤2：_____；
步骤3：_____；
步骤4：_____；
步骤5：_____；
步骤6：_____。
技能要求：_____。

（2）机械工件测量的软件操作工作步骤。

步骤1：_____；
步骤2：_____；
步骤3：_____；
步骤4：_____；
步骤5：_____；
步骤6：_____。
技能要求：_____。

四、考核评价

评分项目	评分标准	分值	自评得分	教师评分
方案设计	任务解读正确，小组分工合理	20		
知识掌握	了解机器视觉软件测量角度工具指令模块设置	30		
任务完成情况	掌握工件测量及角度测量， 完成测量任务	30		
职业素养	遵守操作规程，养成严谨科学的工作态度， 并能够与团队做好分工合作	20		
合计		100		

教师签名：_____ 日期：_____

任务三　芯片引脚测量

任务描述：

在电子产品的设计与制造过程中，芯片引脚尺寸的精确测量是确保电路连接正确性和稳定性的关键环节。如图4-3所示，要求准确测量芯片引脚的宽度。

图4-3　芯片引脚示意图

工作单

任务编号	任务一	任务名称		芯片引脚测量		
姓名		学号		班级		日期	

一、引导问题

（1）什么是机器视觉测量技术？

_____。

（2）在机器视觉尺寸测量中，通常涉及哪些尺寸参数的测量？_____。

（3）长度测量可分为_____和_____两种方式。

（4）角度测量采用_____方式。

二、工作计划

小组分工：

班级		日期	
小组名称		组长	
组员	姓名	任务分工	

任务包含：

三、任务实施

（一）列出选用的设备器件和工具耗材

设备器件和工具耗材清单表

序号	名称	型号规格	单位	数量
1				
2				
3				
4				
5				
6				
7				

（二）工作流程思路

1. 补充流程图

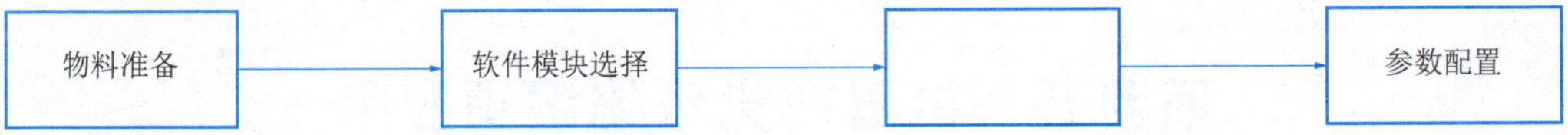

| 物料准备 | → | 软件模块选择 | → | | → | 参数配置 |

2. 填写流程步骤

（1）机械工件测量的工作步骤与操作方法。

步骤1：_____；
步骤2：_____；
步骤3：_____；
步骤4：_____；
步骤5：_____；
步骤6：_____。
技能要求：_____。

（2）机械工件测量的软件操作工作步骤。

步骤1：_____；
步骤2：_____；
步骤3：_____；
步骤4：_____；
步骤5：_____；
步骤6：_____。
技能要求：_____。

四、考核评价

评分项目	评分标准	分值	自评得分	教师评分
方案设计	任务解读正确，小组分工合理	20		
知识掌握	了解芯片引脚测量模块设置	30		
任务完成情况	掌握工件测量及角度测量，完成测量任务	30		
职业素养	遵守操作规程，养成严谨科学的工作态度，并能够与团队做好分工合作	20		
合计		100		

教师签名：_____ 日期：_____

项目五　机器视觉系统识别应用

任务一　颜色识别

任务描述：

如图 5-1 所示，本任务利用 VisionMaster 软件对桌面上随机放置的三种不同颜色的长方形（例如红色、蓝色和黄色）进行自动识别与颜色分类，长方形中黄色的为一类，检测结果为 1，蓝色的与红色的为一类，检测结果为 0。

图 5-1　长方形

工作单

任务编号	任务一	任务名称	颜色识别			
姓名		学号		班级		日期	

一、引导问题：

（1）输入、输出的数据包括_____（整数）、_____（浮点数）、string（字符串）、image（图像）、roibox（目标区域）、_____（点）、line（直线）、circle（圆）、fixture（修正信息）、_____（圆环），roiannulus（ROI 圆弧），支持多项选择输出。

（2）机器视觉检测系统采用 CCD 照相机将被检测的目标转换成_____，传送给专用的图像处理系统，根据像素分布和亮度、颜色等信息，转变成数字化信号。

（3）图像处理系统对这些信号进行各种运算来抽取目标的_____，如面积、数量、位置、长度，再根据预设的允许度和其他条件输出结果，包括尺寸、角度、个数、合格／不合格、有／无等，实现自动识别功能。

（4）在机器视觉中，常用的目标检测方法有形态学运算、模板匹配、_____。

（5）图像数字化包括采样和_____两个过程。

二、工作计划

小组分工：

班级		日期	
小组名称		组长	
组员	姓名	任务分工	

任务包含：

三、任务实施

（一）列出选用的设备器件和工具耗材

设备器件和工具耗材清单表

序号	名称	型号规格	单位	数量
1				
2				
3				
4				
5				
6				
7				

（二）工作流程思路

1. 补充流程图

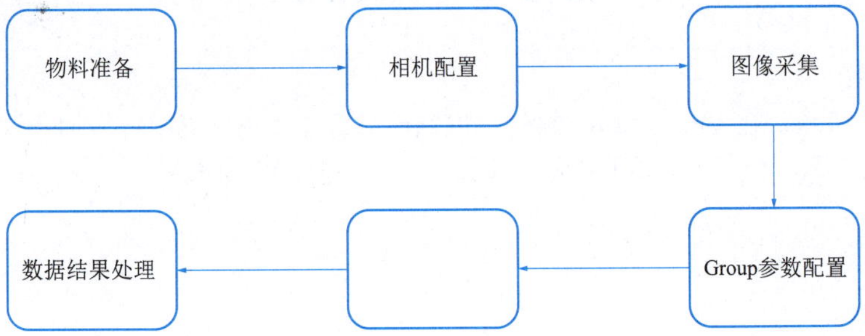

物料准备 → 相机配置 → 图像采集

图像采集 → Group参数配置 → ( ) → 数据结果处理

2. 填写流程步骤

（1）长方形颜色识别的工作步骤与技能要点。

步骤 1：＿＿＿＿＿＿＿＿＿＿＿＿＿＿＿＿＿＿＿＿＿＿＿＿＿＿＿＿＿＿＿＿＿＿＿；

步骤 2：＿＿＿＿＿＿＿＿＿＿＿＿＿＿＿＿＿＿＿＿＿＿＿＿＿＿＿＿＿＿＿＿＿＿＿；

步骤 3：＿＿＿＿＿＿＿＿＿＿＿＿＿＿＿＿＿＿＿＿＿＿＿＿＿＿＿＿＿＿＿＿＿＿＿；

步骤 4：＿＿＿＿＿＿＿＿＿＿＿＿＿＿＿＿＿＿＿＿＿＿＿＿＿＿＿＿＿＿＿＿＿＿＿；

步骤 5：＿＿＿＿＿＿＿＿＿＿＿＿＿＿＿＿＿＿＿＿＿＿＿＿＿＿＿＿＿＿＿＿＿＿＿；

步骤 6：＿＿＿＿＿＿＿＿＿＿＿＿＿＿＿＿＿＿＿＿＿＿＿＿＿＿＿＿＿＿＿＿＿＿＿。

技能要求：＿＿＿＿＿＿＿＿＿＿＿＿＿＿＿＿＿＿＿＿＿＿＿＿＿＿＿＿＿＿＿＿＿＿。

（2）长方形颜色识别的软件操作工作步骤。

步骤 1：＿＿＿＿＿＿＿＿＿＿＿＿＿＿＿＿＿＿＿＿＿＿＿＿＿＿＿＿＿＿＿＿＿＿＿；

步骤 2：＿＿＿＿＿＿＿＿＿＿＿＿＿＿＿＿＿＿＿＿＿＿＿＿＿＿＿＿＿＿＿＿＿＿＿；

步骤 3：＿＿＿＿＿＿＿＿＿＿＿＿＿＿＿＿＿＿＿＿＿＿＿＿＿＿＿＿＿＿＿＿＿＿＿；

步骤 4：＿＿＿＿＿＿＿＿＿＿＿＿＿＿＿＿＿＿＿＿＿＿＿＿＿＿＿＿＿＿＿＿＿＿＿；

步骤 5：＿＿＿＿＿＿＿＿＿＿＿＿＿＿＿＿＿＿＿＿＿＿＿＿＿＿＿＿＿＿＿＿＿＿＿；

步骤 6：＿＿＿＿＿＿＿＿＿＿＿＿＿＿＿＿＿＿＿＿＿＿＿＿＿＿＿＿＿＿＿＿＿＿＿。

技能要求：＿＿＿＿＿＿＿＿＿＿＿＿＿＿＿＿＿＿＿＿＿＿＿＿＿＿＿＿＿＿＿＿＿＿。

四、考核评价

评分项目	评分标准	分值	自评得分	教师评分
方案设计	任务解读正确，小组分工合理	20		
知识掌握	了解颜色识别的原理及方法	30		
任务完成情况	掌握工业相机的选型方法，完成工业相机的选型任务	30		
职业素养	遵守操作规程，养成严谨科学的工作态度，并能够与团队做好分工合作	20		
合计		100		

教师签名：＿＿＿＿＿＿＿＿　日期：＿＿＿＿＿＿＿＿

任务二　读码识别

任务描述：

如图 5-2 所示，在 VisionMaster 软件中识别产品标签上的条形码、二维码以及准确识别出海康机器人 Logo 字符，需识别出成品（OK）与缺陷成品（NG）。

图 5-2 读码识别

工作单

任务编号	任务二	任务名称	读码识别			
姓名		学号		班级	日期	

一、引导问题

（1）二维码又称二维条码，常见的二维码为 QR 码，QR 全称为_____。

（2）用于识别目标图像中的二维码，将读取的二维码信息以字符的形式输出。一次可以高效准确的识别多个二维码，目前只支持 QR 码和_____码。

（3）条形码分为 EAN 码、UPC 码、39 码、_____、库德巴码、CODE128 码、交替 25 码、Industrial25码、Matrix25码。

（4）字符极性中分为白底黑字与_____。

二、工作计划

小组分工：

班级		日期	
小组名称		组长	
	姓名	任务分工	
组员			

任务包含：

三、任务实施

（一）列出选用的设备器件和工具耗材

设备器件和工具耗材清单表

序号	名称	型号规格	单位	数量
1				
2				
3				
4				
5				
6				
7				

（二）工作流程思路

1. 补充流程图

物料准备 → 相机配置 → ☐ → 二维码参数配置

字符训练 ← 字符参数配置 ← ☐ ← 字符参数配置

2. 填写流程步骤

（1）读码识别的工作步骤与技能要点。

步骤1：＿＿＿＿＿＿＿＿＿＿＿＿＿＿＿＿＿＿＿＿＿＿＿＿＿＿＿＿；

步骤2：＿＿＿＿＿＿＿＿＿＿＿＿＿＿＿＿＿＿＿＿＿＿＿＿＿＿＿＿；

步骤3：＿＿＿＿＿＿＿＿＿＿＿＿＿＿＿＿＿＿＿＿＿＿＿＿＿＿＿＿；

步骤4：＿＿＿＿＿＿＿＿＿＿＿＿＿＿＿＿＿＿＿＿＿＿＿＿＿＿＿＿；

步骤5：＿＿＿＿＿＿＿＿＿＿＿＿＿＿＿＿＿＿＿＿＿＿＿＿＿＿＿＿；

步骤6：＿＿＿＿＿＿＿＿＿＿＿＿＿＿＿＿＿＿＿＿＿＿＿＿＿＿＿＿。

技能要求：＿＿＿＿＿＿＿＿＿＿＿＿＿＿＿＿＿＿＿＿＿＿＿＿＿＿。

（2）读码识别的软件操作工作步骤。

步骤1：＿＿＿＿＿＿＿＿＿＿＿＿＿＿＿＿＿＿＿＿＿＿＿＿＿＿＿＿；

步骤2：＿＿＿＿＿＿＿＿＿＿＿＿＿＿＿＿＿＿＿＿＿＿＿＿＿＿＿＿；

步骤3：＿＿＿＿＿＿＿＿＿＿＿＿＿＿＿＿＿＿＿＿＿＿＿＿＿＿＿＿；

步骤4：＿＿＿＿＿＿＿＿＿＿＿＿＿＿＿＿＿＿＿＿＿＿＿＿＿＿＿＿；

步骤5：＿＿＿＿＿＿＿＿＿＿＿＿＿＿＿＿＿＿＿＿＿＿＿＿＿＿＿＿；

步骤6：＿＿＿＿＿＿＿＿＿＿＿＿＿＿＿＿＿＿＿＿＿＿＿＿＿＿＿＿。

技能要求：＿＿＿＿＿＿＿＿＿＿＿＿＿＿＿＿＿＿＿＿＿＿＿＿＿＿。

四、考核评价

评分项目	评分标准	分值	自评得分	教师评分
方案设计	任务解读正确，小组分工合理	20		
知识掌握	了解读码识别的原理及方法	30		
任务完成情况	掌握字符训练的稳定性	30		
职业素养	遵守操作规程，养成严谨科学的工作态度，并能够与团队做好分工合作	20		
合计		100		

教师签名：_____   日期：_____

项目六 机器视觉系统检测应用

任务一 有无检测

任务描述：

如图6-1所示，在生产激光测距仪时，检测产品的合格是重中之重，需检测电池盖板的有无，如果使用人工就大大增加了成本及耗时。请对本任务所学的模块进行比较，挑选出效率更高的检测程序。

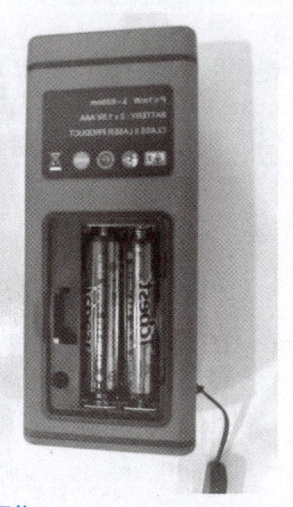

图6-1 激光测距仪

工作单

任务编号	任务一	任务名称	有无检测			
姓名		学号		班级		日期	

一、引导问题

（1）什么是逻辑工具？

_____。

（2）脚本编辑中，所使用的编程语言是_____。

（3）脚本编程中传输进来的值进行区分取整、_____、线、图像、_____。

（4）int代表整数，一般来说（以4字节为准，不同语言或不同处理器架构可能有所不同）范围为-2，147，483，648到2，147，483，647，除此之外代表整数的还有 byte，short，long，分别代表不同范围的_____。

二、工作计划

小组分工：

班级		日期	
小组名称		组长	
组员	姓名	任务分工	

任务包含：

三、任务实施

（一）列出选用的设备器件和工具耗材

设备器件和工具耗材清单表

序号	名称	型号规格	单位	数量
1				
2				
3				
4				
5				
6				
7				

（二）工作流程思路

1. 补充流程图

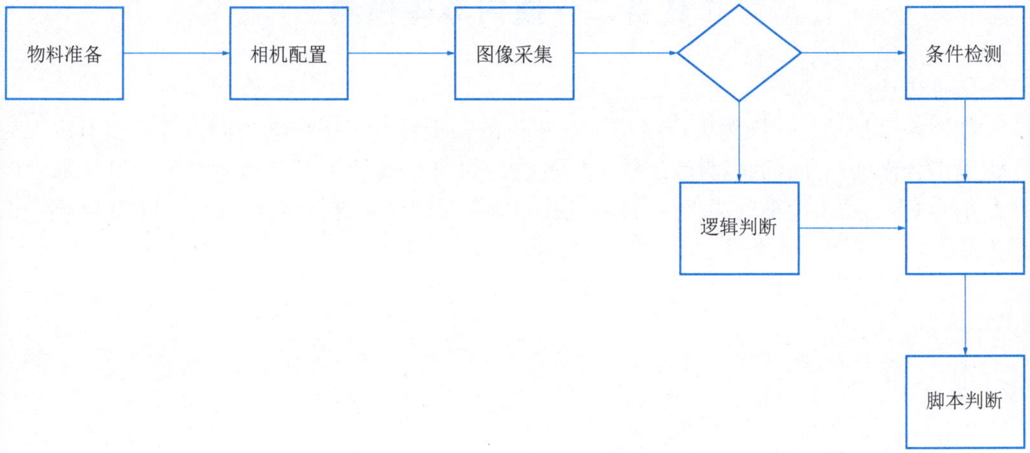

物料准备 → 相机配置 → 图像采集 → ◇ → 条件检测

逻辑判断

脚本判断

2. 填写流程步骤

（1）有无检测的工作步骤与技能要点。

步骤 1：_____；

步骤 2：_____；

步骤 3：_____；

步骤 4：_____；

步骤 5：_____；

步骤 6：_____。

技能要求：_____。

（2）有无检测的软件操作工作步骤。

步骤 1：_____；

步骤 2：_____；

步骤 3：_____；

步骤 4：_____；

步骤 5：_____；

步骤 6：_____。

技能要求：_____。

四、考核评价

评分项目	评分标准	分值	自评得分	教师评分
方案设计	任务解读正确，小组分工合理	20		
知识掌握	了解有无检测的原理及方法	30		
任务完成情况	掌握脚本编程的基本操作	30		
职业素养	遵守操作规程，养成严谨科学的工作态度，并能够与团队做好分工合作	20		
合计		100		

教师签名：_____　日期：_____

任务二　瓶内液体检测

任务描述：

如图 6-2 所示，该图为生产线中工业相机的拍摄照片，图中瓶内的液体有多有少，为了识别出合格的产品，我们设置了一个标度线，如图 6-3 所示，在标度线 30~70 距离内的产品都为 OK，超出距离的为 NG。请通过我们所学习的模块进行编程，识别出合格与不合格的产品。

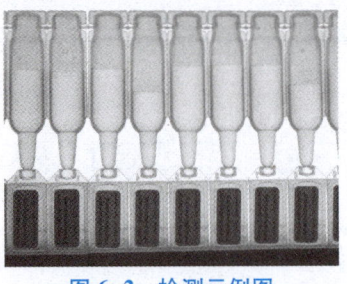

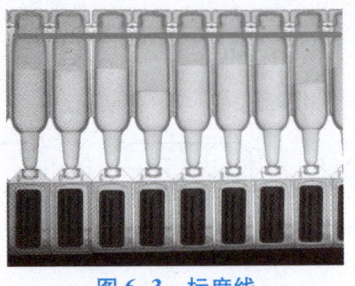

图 6-2　检测示例图　　　　　　　　　　图 6-3　标度线

工作单

任务编号	任务二	任务名称	瓶内液体检测			
姓名		学号		班级		日期

一、引导问题

（1）通常，要检测在生产线上移动的工件，必须具备_____。

（2）基准点、基准框是创建基准时的特征匹配的匹配点、_____。

（3）位置修正有两种方式，分别是按点修正与_____。

（4）液体检测中，需注意什么事项？_____。

二、工作计划

小组分工：

班级		日期	
小组名称		组长	
组员	姓名	任务分工	

任务包含：

三、任务实施

（一）列出选用的设备器件和工具耗材

设备器件和工具耗材清单表

序号	名称	型号规格	单位	数量
1				
2				
3				
4				
5				
6				
7				

（二）工作流程思路

1. 补充流程图

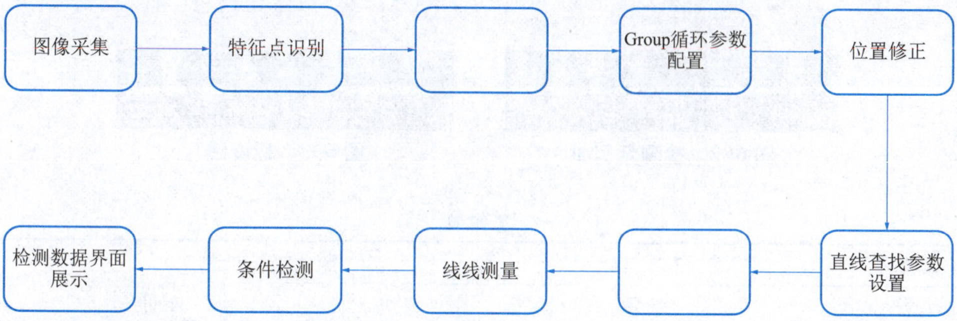

图像采集 → 特征点识别 → □ → Group循环参数配置 → 位置修正

检测数据界面展示 ← 条件检测 ← 线线测量 ← □ ← 直线查找参数设置

2. 填写流程步骤

（1）瓶内液体检测的工作步骤与技能要点。

步骤1： ；
步骤2： ；
步骤3： ；
步骤4： ；
步骤5： ；
步骤6： 。
技能要求： 。

（2）瓶内液体检测的软件操作工作步骤。

步骤1： ；
步骤2： ；
步骤3： ；
步骤4： ；
步骤5： ；
步骤6： ；
技能要求： 。

四、考核评价

评分项目	评分标准	分值	自评得分	教师评分
方案设计	任务解读正确，小组分工合理	20		
知识掌握	了解瓶内液体检测的原理及方法	30		
任务完成情况	掌握液体平面位置提取及判断	30		
职业素养	遵守操作规程，养成严谨科学的工作态度，并能够与团队做好分工合作	20		
合计		100		

教师签名： 日期：

项目七　机器视觉系统综合训练

任务一　物料分拣

任务描述：

类别	暂命名	分辨率	帧率/fps	曝光模式	颜色	芯片大小	像元大小	接口	像素
2D 相机	相机 A	1280×1024	>20	全局	黑白	1/2″	4.8 μm	USB	130 万
2D 相机	相机 B	2592×2048	>20	全局	黑白	2/3″	3.2 μm	GigE	500 万
2D 相机	相机 C	2592×1944	>20	卷帘	彩色	1/2.5″	2.2 μm	GigE	500 万
3D 相机	相机 D	1280×1024	/	/	/	/	/	GigE	130 万

类别	暂命名	支持分辨率（优于）	焦距/倍率	最大光圈	工作距离	支持芯片大小
工业镜头	镜头 A	500 万 px	8 mm	F2.8	>100 mm	2/3″
工业镜头	镜头 B	500 万 px	16 mm	F2.8	>100 mm	2/3″
工业镜头	镜头 C	500 万 px	25 mm	F2.8	>100 mm	2/3″
远心镜头	镜头 D	500 万 px	0.3X	F2.8	140 mm	2/3″

类别	暂命名	主要参数	颜色
环形光源	环形光源	直射环形，发光面外径 120 mm，内径 60 mm	W
背光源	背光源	发光面积 180 mm×150 mm	W
同轴光源	同轴光源	发光面积 60 mm×60 mm	RGB
AOI 光源	AOI 光源	外径 100 mm，厚度 41 mm，中间孔径 31 mm	RGB

序号	工作地点	工作距离	视野范围	识别精度	物料盘规格
1	室内	280~320 mm	≥180 mm×160 mm	优于 0.1 mm	390 mm×270 mm

　　根据视觉方案的选型结果，更换相机、镜头、光源等视觉元器件。根据物料盘的标注信息，由人工手动将圆形物料 A（ϕ16 mm×20 mm）、圆形物料 B（ϕ16 mm×20 mm）、圆形物料 C（ϕ16 mm×20 mm），3 种物料随机、散乱摆放至物料盘的对应分区中。请根据要求完成对应类型物料的识别及分拣，包括形状、颜色、位姿识别，引导执行机构分拣至指定区域。

任务编号	任务一	任务名称	物料分拣		
姓名		学号		班级	日期

一、引导问题

（1）机器视觉物料分拣系统利用_____技术，通过图像采集设备（如相机）捕捉物料图像。

（2）采集到的图像通过_____处理，提取物料的特征信息，如颜色、形状、大小等。

（3）分拣决策依据_____的结果，由控制系统发出指令给执行机构进行物料的分拣。

（4）物料分拣系统通常包括图像采集模块、_____模块、控制系统和执行机构四个主要部分。

（5）在分拣过程中，_____算法用于识别物料并与其预设标准进行比较，以决定物料的分类。

二、工作计划

小组分工：

班级		日期	
小组名称		组长	
组员	姓名	任务分工	

任务包含：

三、任务实施

（一）列出选用的设备器件和工具耗材

设备器件和工具耗材清单表

序号	名称	型号规格	单位	数量
1				
2				
3				
4				
5				
6				
7				

（二）工作流程思路

1. 补充流程图

| 硬件选型 | → | 硬件调试 | → | 图像采集 | → | | → | 特征点识别 |

| 数据发送 | ← | | ← | 绝对位置计算 | ← | 颜色识别 | ← | Group循环参数设置 |

2. 填写流程步骤

（1）物料分拣的工作步骤与技能要点。

步骤 1：＿＿＿＿＿＿＿＿＿＿＿＿＿＿＿＿＿＿＿＿＿＿＿＿＿＿＿＿＿＿＿＿＿；

步骤 2：＿＿＿＿＿＿＿＿＿＿＿＿＿＿＿＿＿＿＿＿＿＿＿＿＿＿＿＿＿＿＿＿＿；

步骤 3：＿＿＿＿＿＿＿＿＿＿＿＿＿＿＿＿＿＿＿＿＿＿＿＿＿＿＿＿＿＿＿＿＿；

步骤 4：＿＿＿＿＿＿＿＿＿＿＿＿＿＿＿＿＿＿＿＿＿＿＿＿＿＿＿＿＿＿＿＿＿；

步骤 5：＿＿＿＿＿＿＿＿＿＿＿＿＿＿＿＿＿＿＿＿＿＿＿＿＿＿＿＿＿＿＿＿＿；

步骤 6：＿＿＿＿＿＿＿＿＿＿＿＿＿＿＿＿＿＿＿＿＿＿＿＿＿＿＿＿＿＿＿＿＿。

技能要求：＿＿＿＿＿＿＿＿＿＿＿＿＿＿＿＿＿＿＿＿＿＿＿＿＿＿＿＿＿＿＿＿。

（2）物料分拣的软件操作工作步骤。

步骤 1：＿＿＿＿＿＿＿＿＿＿＿＿＿＿＿＿＿＿＿＿＿＿＿＿＿＿＿＿＿＿＿＿＿；

步骤 2：＿＿＿＿＿＿＿＿＿＿＿＿＿＿＿＿＿＿＿＿＿＿＿＿＿＿＿＿＿＿＿＿＿；

步骤 3：＿＿＿＿＿＿＿＿＿＿＿＿＿＿＿＿＿＿＿＿＿＿＿＿＿＿＿＿＿＿＿＿＿；

步骤 4：＿＿＿＿＿＿＿＿＿＿＿＿＿＿＿＿＿＿＿＿＿＿＿＿＿＿＿＿＿＿＿＿＿；

步骤 5：＿＿＿＿＿＿＿＿＿＿＿＿＿＿＿＿＿＿＿＿＿＿＿＿＿＿＿＿＿＿＿＿＿；

步骤 6：＿＿＿＿＿＿＿＿＿＿＿＿＿＿＿＿＿＿＿＿＿＿＿＿＿＿＿＿＿＿＿＿＿。

步骤 7：＿＿＿＿＿＿＿＿＿＿＿＿＿＿＿＿＿＿＿＿＿＿＿＿＿＿＿＿＿＿＿＿＿。

步骤 8：＿＿＿＿＿＿＿＿＿＿＿＿＿＿＿＿＿＿＿＿＿＿＿＿＿＿＿＿＿＿＿＿＿。

步骤 9：＿＿＿＿＿＿＿＿＿＿＿＿＿＿＿＿＿＿＿＿＿＿＿＿＿＿＿＿＿＿＿＿＿；

步骤 10：＿＿＿＿＿＿＿＿＿＿＿＿＿＿＿＿＿＿＿＿＿＿＿＿＿＿＿＿＿＿＿＿。

技能要求：＿＿＿＿＿＿＿＿＿＿＿＿＿＿＿＿＿＿＿＿＿＿＿＿＿＿＿＿＿＿＿＿。

四、考核评价

评分项目	评分标准	分值	自评得分	教师评分
方案设计	任务解读正确，小组分工合理	20		
知识掌握	了解物料分拣的原理及方法	30		
任务完成情况	对物料形状、颜色进行分类与数据传输	30		
职业素养	遵守操作规程，养成严谨科学的工作态度，并能够与团队做好分工合作	20		
合计		100		

教师签名：＿＿＿＿＿＿＿＿＿　日期：＿＿＿＿＿＿＿＿＿

任务二　胶囊板检测

任务描述：

如图 7-1 所示，机器视觉系统可以测量胶囊的尺寸和形状，确保它们符合规定的标准。这有助于消除生产过程中的误差，提高产品质量，在放置胶囊中，可能会出现漏放，另外需记录胶囊板的条形码并发送给对应设备。

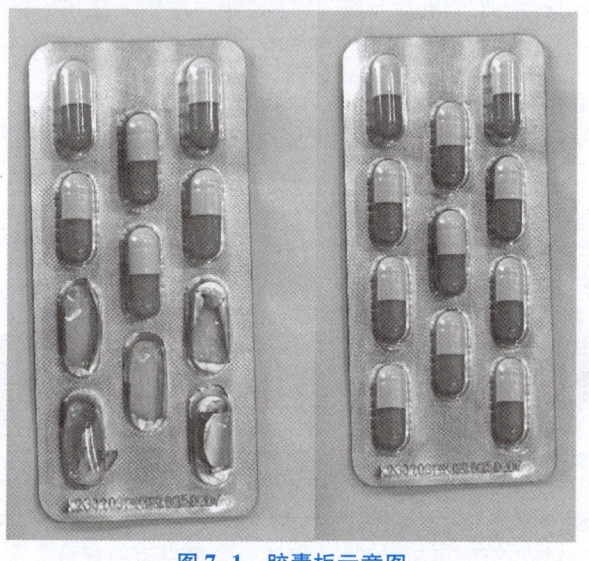

图 7-1　胶囊板示意图

工作单

任务编号	任务二	任务名称	胶囊板检测			
姓名		学号		班级		日期	

一、引导问题

（1）灰度匹配以图像各个像素点的灰度为基础建立模板，匹配灰度相近的目标物体。当多目标物形状相近、灰度差异较大或者图像比较模糊、轮廓点不清晰时使用灰度匹配能够实现精准的_____。

（2）软件匹配模块中，金字塔层数模板建立图像金字塔的最高层数，层数_____，搜索速度越快，漏匹配概率越大_____。

（3）条件分支模块结合条件检测和分支模块的功能，当订阅的条件符合要求时执行设定的模块。前提条件分支模块前面有_____个以上模块或者条件分支模块后面有 1 个以上模块直接与其连线。

（4）最大重叠率中当搜索多个目标且两个被检测目标彼此重合时，两者匹配框所被允许的最大重叠比例，该值越大则允许两目标重叠的程度就_____。

（5）相机标定的目的是得到空间点与像素坐标的_____，从而获取相机的内参和外参，并校正透镜的_____。

二、工作计划

小组分工：

班级		日期	
小组名称		组长	
	姓名	任务分工	
组员			

任务包含：

三、任务实施

（一）列出选用的设备器件和工具耗材

设备器件和工具耗材清单表

序号	名称	型号规格	单位	数量
1				
2				
3				
4				
5				
6				
7				

（二）工作流程思路

1. 补充流程图

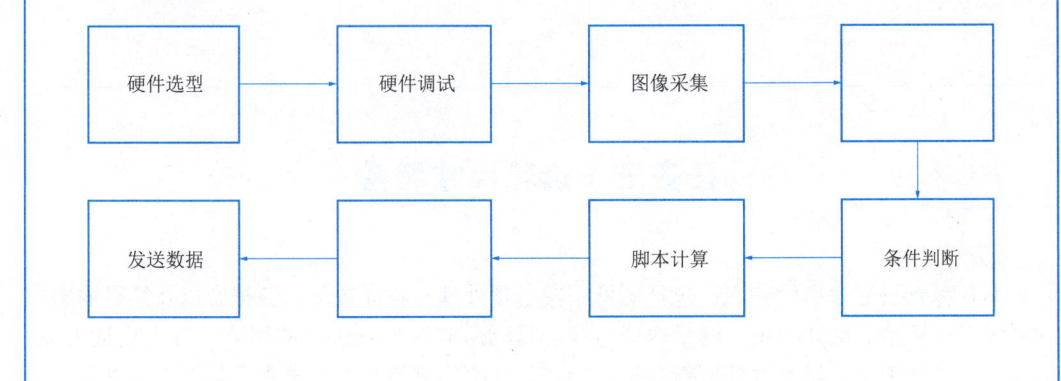

2. 填写流程步骤

（1）胶囊板检测的工作步骤与技能要点。

步骤 1：_____；

步骤 2：_____；

步骤 3：_____；

步骤 4：_____；

步骤 5：_____；

步骤 6：_____。

技能要求：_____。

（2）胶囊板检测的软件操作工作步骤。

步骤 1：_____；

步骤 2：_____；

步骤 3：_____；

步骤 4：_____；

步骤 5：_____；

步骤 6：_____。

步骤 7：_____；

步骤 8：_____。

步骤 9：_____；

步骤 10：_____。

技能要求：_____。

四、考核评价

评分项目	评分标准	分值	自评得分	教师评分
方案设计	任务解读正确，小组分工合理	20		
知识掌握	了解胶囊板检测的原理及方法	30		
任务完成情况	掌握灰度图像的识别与检测，对胶囊板进行系统检测	30		
职业素养	遵守操作规程，养成严谨科学的工作态度，并能够与团队做好分工合作	20		
合计		100		

教师签名：_____　日期：_____

任务三　齿轮尺寸测量

任务描述：

本任务计划通过所学知识，包括图像采集、预处理、特征提取、圆拟合以及结果输出与评估等各个环节，完成定位、测量内圆直径、检测所有锯齿到圆心的距离，并求出最大值、最小值、平均值，通过发送外部指令拍照检测，并把检测结果发送出去，如图 7-2 所示。

图7-2　齿轮外轮廓拟合示意图

工作单

任务编号	任务三	任务名称	齿轮尺寸测量			
姓名		学号		班级	日期	

一、引导问题

（1）圆拟合是基于三个及以上的已知点拟合成圆_____。

（2）直线拟合中最少需要_____拟合点。

（3）边缘阈值即梯度阈值，范围为0～255。只有边缘梯度阈值大于该值的边缘点才会被检测到。数值越大，抗噪能力越强，得到的边缘数量越少，但可能导致目标边缘点被_____。

（4）剔除点数指误差过大而被排除不参与拟合的_____。一般情况下，离群点越_____，该值应设置越大。为获取更佳查找效果，建议与剔除距离结合使用。

二、工作计划
小组分工：

班级		日期	
小组名称		组长	
组员	姓名	任务分工	

任务包含：

三、任务实施

（一）列出选用的设备器件和工具耗材

设备器件和工具耗材清单表

序号	名称	型号规格	单位	数量
1				
2				
3				
4				
5				
6				
7				

（二）工作流程思路

1. 补充流程图

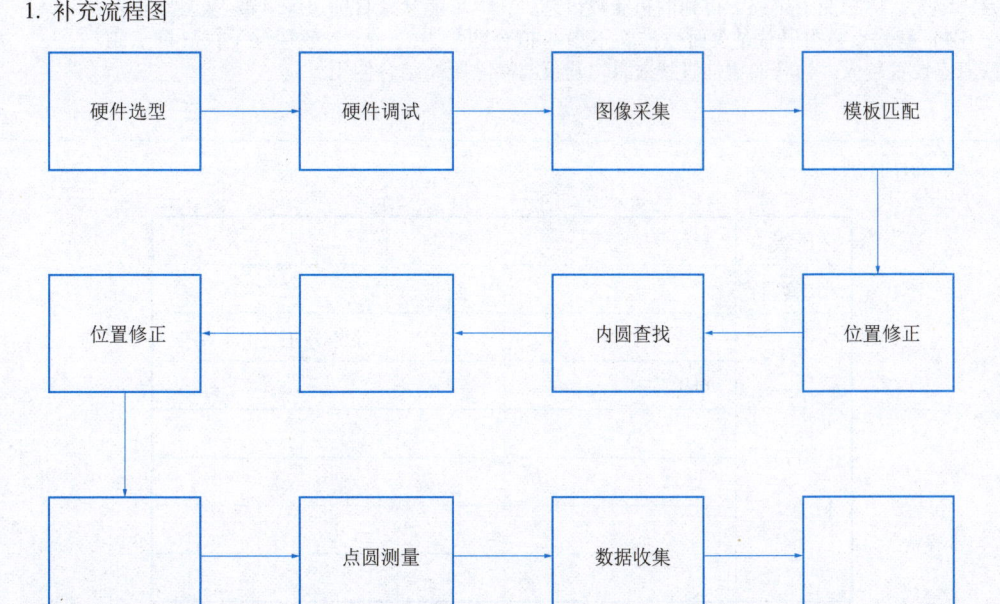

2. 填写流程步骤

（1）齿轮外径圆拟合的工作步骤与技能要点。

步骤1：_____；

步骤2：_____；

步骤3：_____；

步骤4：_____；

步骤5：_____；

步骤6：_____。

技能要求：_____。

（2）齿轮外径圆拟合的软件操作工作步骤。

步骤1：_____；

步骤2：_____；

步骤 3：_____；
步骤 4：_____；
步骤 5：_____；
步骤 6：_____。
步骤 7：_____；
步骤 8：_____。
步骤 9：_____；
步骤 10：_____。
技能要求：_____。

四、考核评价

评分项目	评分标准	分值	自评得分	教师评分
方案设计	任务解读正确，小组分工合理	20		
知识掌握	了解齿轮尺寸测量的原理及方法	30		
任务完成情况	掌握圆拟合对齿轮尺寸进行测量	30		
职业素养	遵守操作规程，养成严谨科学的工作态度，并能够与团队做好分工合作	20		
合计		100		

教师签名：_____   日期：_____

机器视觉系统应用

主　编　陈　坚　呼志刚（企业）

副主编　曾思通　林承志　邹兴宇
　　　　张秀霞　许鸿萍

主　审　李西兵　王　莉（企业）

北京理工大学出版社

BEIJING INSTITUTE OF TECHNOLOGY PRESS

内 容 简 介

本书紧紧围绕高素质技术技能人才培养目标，对接专业教学标准和职业技能等级证书评价标准，选择项目案例，结合智能视觉技术相关从业人员需要系统掌握的知识与技能，以项目为纽带，任务为载体，工作过程为导向，科学组织教学内容，进行教材内容模块化处理，注重课程之间的衔接融通及理论与实践的有机衔接，开发工作页式的工单，形成了多元多维、全时全程的评价体系。基于互联网，融合现代信息技术，配套开发了丰富的数字化资源，编写而成该活页式教材。

本书共分为"绪论""项目一 机器视觉基础及硬件选型""项目二 机器视觉软件基本操作""项目三 机器视觉系统标定""项目四 机器视觉系统测量应用""项目五 机器视觉系统识别应用""项目六 机器视觉系统检测应用""项目七 机器视觉系统综合训练"共八大模块。本书编写以贴近实际生产案例的项目为学习内容，辅以工作页式的工单，强化学生自主学习、小组合作探究式学习，在课程内容、学生角色、教师角色、课堂组织、教学评价等方面全面改革。

本书可以作为高等院校、高职院校电子信息、装备制造大类专业学生用书，也可作为电子信息、装备制造大类行业企业技术人员的参考资料。

图书在版编目（CIP）数据

机器视觉系统应用 / 陈坚，呼志刚主编. -- 北京：
北京理工大学出版社，2025. 1.
ISBN 978-7-5763-4884-2

Ⅰ. TP302. 7

中国国家版本馆 CIP 数据核字第 2025NN2289 号

责任编辑：陈莉华　　文案编辑：李海燕
责任校对：周瑞红　　责任印制：李志强

出版发行 / 北京理工大学出版社有限责任公司
社　　址 / 北京市丰台区四合庄路 6 号
邮　　编 / 100070
电　　话 / （010）68914026（教材售后服务热线）
　　　　　（010）63726648（课件资源服务热线）
网　　址 / http://www.bitpress.com.cn

版 印 次 / 2025 年 1 月第 1 版第 1 次印刷
印　　刷 / 三河市天利华印刷装订有限公司
开　　本 / 787 mm×1092 mm　1/16
印　　张 / 14.75
字　　数 / 334 千字
定　　价 / 76.00 元

前　言

本书贯彻落实《习近平新时代中国特色社会主义思想进课程教材指南》文件要求和党的二十大精神，党的二十大报告指出个人的命运与国家的命运息息相关，个人的未来与民族的未来紧密相连，当代青年只有与国家民族同呼吸、共命运，与社会进步同成长，才能得到自我完善和发展，实现人生追求。

本书在编写过程中积极响应新时代职业教育改革发展的号召，深入贯彻党的二十大精神，强化职业教育作为国民教育体系和人力资源开发重要组成部分的作用，努力培养适应现代化建设需要的技术技能型人才。教材特别强调社会主义核心价值观的培育与践行，旨在培养学生的家国情怀和社会责任感，引导学生关注可持续发展、环境保护等社会热点问题。

"智能视觉技术应用"课程是高职装备制造大类专业的一门专业核心课程。为建设好该课程，编者认真研究专业教学标准和职业资格证书标准，开展广泛调研，联合企业制定了毕业生所从事岗位（群）的《岗位（群）职业能力及素养要求分析报告》，并依据《岗位（群）职业能力及素养要求分析报告》，开发了《专业人才培养质量标准》，按照《专业人才培养质量标准》中的素质、知识和能力要求要点，注重"以学生为中心，以立德树人为根本，强调知识、能力、素质素养目标并重"，组建了校企合作的结构化课程开发团队。以生产企业实际项目案例为载体，任务驱动，工作过程为导向，进行课程内容模块化处理，以"项目+任务"的方式，开发工作页式的任务工单，注重课程之间的相互融通及理论与实践的有机衔接，形成了多元多维、全时全程的评价体系，并基于互联网，融合现代信息技术，配套开发了丰富的数字化资源，编写成了该活页式教材。

本书以工作页式的工单为载体，强化学生自主学习、小组合作探究式学习，在课程革命、学生地位革命、教师角色革命、课堂革命、评价革命等方面全面改革，重点突出技术应用，强化学生创新能力培养。

本书实施校企"双元"的"双主编制""双主审制"，由福州职业技术学院陈坚副教授和杭州海康机器人股份有限公司呼志刚工程师担任主编，由福建农林大学李西兵教授和杭州海康机器人股份有限公司王莉工程师担任主审。

因该书涉及内容广泛，编者水平有限，难免出现错误和处理不妥之处，请读者批评指正。

编　者

二维码资源列表

	卷帘和全局相机		镜头选型
	图像增强		模板匹配
	标定转换		颜色识别工具介绍
	图像增强		字符识别实操
	串口通信实操		读码介绍
	拓展练习1		拓展练习2

目　录

绪　论

一、机器视觉系统概述

1. 定义与原理

（1）机器视觉的定义

机器视觉是指利用计算机视觉技术和系统来模拟人类视觉功能，以实现对外界环境的感知、识别和理解。它通过图像采集设备获取图像，并通过图像处理算法进行分析，从而获得有关目标物体的信息。机器视觉系统通常由图像采集部分、图像处理部分和应用部分组成，这一技术融合了光学、机械、电子、计算机软硬件技术等多个领域，模拟人类的视觉功能，广泛应用于工业自动化、质量检测、医疗成像等领域。

（2）机器视觉系统的工作原理

机器视觉系统的工作原理主要包括以下几个步骤：

1）图像采集使用相机、镜头和光源等设备获取目标场景的图像。

2）图像预处理对获取的图像进行处理，如灰度化、滤波等，以提高图像质量和提取特征。

3）特征提取从预处理后的图像中提取感兴趣的特征，如边缘、角点、纹理等。

4）图像分析与识别使用算法对提取的特征进行分析与识别，判断目标物体的属性和状态。

5）结果输出根据分析结果，控制系统和执行机构完成相应的动作，如报警、分类、测量等。

（3）机器视觉与人类视觉的比较

机器视觉与人类视觉虽然都是通过捕捉光信号并进行处理来理解环境，但两者存在显著差异：

1）感知范围：人类视觉在可见光范围内工作，而机器视觉可以利用红外线、紫外线等不同波段的光。

2）精度与速度：机器视觉能够以极高的速度和精度处理大量图像数据，而人类视觉在这方面较为有限。

3）疲劳与稳定性：人类视觉会受到疲劳和情绪的影响，而机器视觉系统能够长时间稳定地工作。

4）可编程性：机器视觉系统可以根据需要编写特定的算法和规则，而人类视觉依赖于自然感知和学习。

2. 发展历程

（1）机器视觉的起源

机器视觉的起源可以追溯到 20 世纪 60 年代。当时，计算机科学家开始研究如何使计算机具备处理和理解图像的能力。这一时期的研究主要集中在图像处理的基础算法和技术上，如边缘检测、图像增强等。

（2）主要发展阶段

1）早期发展阶段（1960—1980）：在20世纪60年代，人们开始探索如何从图像中提取边缘信息，这是图像识别和理解的重要基础。边缘检测算法如Sobel算子、Prewitt算子等在这一时期得到了初步的研究和应用。除了边缘，还关注如何从图像中提取其他有用的特征，如角点、纹理等。这些特征在后续的图像分析和识别中起着关键作用。为了改善图像质量，开发了各种滤波算法，如均值滤波、中值滤波等，用于去除噪声和增强图像对比度。

在20世纪60年代末，麻省理工学院的Roberts开始精选三维视觉的研究，提取三维几何信息的可能性。从数字图像中提取出诸如立方体、楔形体、棱柱体等多面体的三维结构，并对物体形状及物体的空间关系进行了描述。这一研究开创了以理解三维场景为目的的三维机器视觉的研究，对后续的三维机器视觉研究产生了深远影响。机器视觉的研究开始关注于图像的低级特征提取，如边缘检测、角点检测等。进入20世纪70年代，随着计算机技术的快速发展和图像处理算法的日益成熟，机器视觉技术开始逐渐走出实验室，进入实际应用阶段。这一时期出现了第一批商业化的机器视觉系统，主要用于工业自动化和质量检测领域。这些系统能够自动地对生产线上的产品进行质量检测，大大提高了生产效率和产品质量。例如，美国邮政服务机构在1973年推出的自动化邮件分拣系统就是商业领域首个大规模采用图像处理技术的案例。

到了20世纪80年代，随着计算机性能的大幅提升和图像处理技术的不断成熟，机器视觉技术逐渐进入了一个全面发展的阶段。这一时期，机器视觉技术开始应用于更多的领域，如在医疗领域，机器视觉技术被用于医疗影像的分析和处理，如X光片、CT图像等。通过自动识别和提取病灶信息，为医生提供辅助诊断支持。

2）快速发展阶段（1990—2000）：1990年图像处理算法和硬件设备进一步优化，机器视觉系统在工业中的应用变得更加广泛和深入，随着计算机处理能力的增强和算法研究的深入，图像处理算法在这一时期得到了进一步优化。算法的性能提升使机器视觉系统能够更准确地识别和处理图像中的信息。出现了更多高级的图像处理技术，如图像分割、特征提取、目标识别等，这些技术为机器视觉在复杂工业环境中的应用提供了有力支持。

进入21世纪后，数字化和互联网技术的飞速发展为机器视觉技术的应用提供了更广阔的空间。随着数字化图像和视频的普及，机器视觉技术在处理和分析这些数据方面展现出了巨大潜力。

3）智能化阶段（2010年至今）：进入2010年，深度学习技术的突破性进展彻底改变了机器视觉领域。深度学习，尤其是卷积神经网络（CNN）等模型，在图像识别、分类、检测等任务中展现了惊人的性能。这些模型能够自动从大量数据中学习复杂的特征表示，而无须人工设计特征提取器，从而极大地提升了机器视觉系统的准确性和鲁棒性。随着人工智能技术的不断成熟，机器视觉系统开始融入更多AI元素。除了图像识别外，机器视觉还结合了自然语言处理、语音识别、知识图谱等技术，形成了更加综合的智能系统。这些系统能够处理和分析更加复杂的数据，实现更高级别的交互和决策。

在深度学习和人工智能技术的推动下，机器视觉系统的实际应用场景得到了极大拓展。从最初的工业生产线到如今的自动驾驶、智能安防、医疗健康、零售电商等多个领域，机器视觉技术都发挥着重要作用。例如，在自动驾驶领域，机器视觉系统能够实时识别道路标志、行人、车辆等障碍物，为车辆提供精准的导航和避障信息。

当前，机器视觉技术正朝着更加智能化的方向发展。通过引入更高级的算法和模型，机器视觉系统能够实现更加精准、高效的图像识别和理解。同时，结合大数据和云计算技术，机器视觉系统能够不断学习和优化自身性能，实现更加智能化的决策和预测。随着技术的不断进步和应用的不断深入，机器视觉系统正逐步向高集成度方向发展。现代机器视觉系统通常集成了多种传感器、处理器和算法模块，能够在单一平台上实现多种功能。这种高集成度的设计不仅提高了系统的整体性能，还降低了系统的复杂性和成本。

除了图像识别外，现代机器视觉系统还具备了许多其他功能。例如，它们可以进行三维重建、姿态估计、行为分析等；还可以与机器人、自动化设备等相结合，实现更加复杂的自动化和智能化任务。这种多功能化的特点使机器视觉系统在各个领域的应用更加广泛和深入。随着技术的不断成熟和应用场景的不断拓展，机器视觉技术的应用范围正在进一步扩大。除了传统的工业生产和安防监控领域外，机器视觉技术还开始应用于智慧城市、智能家居、教育娱乐等新兴领域。这些新兴领域的应用不仅为机器视觉技术提供了新的发展机遇，也为其未来的发展指明了方向。

3. 应用领域

机器视觉技术在工业自动化中的应用十分广泛，通过对生产线的实时监控和自动化控制，提高了生产效率和产品质量。以下是几个具体的工业应用领域：

（1）电子行业应用

电子行业应用有芯片的测量与加工、PCB装配及点胶、引脚检测等，如PCB电路板引导点胶：PCB电路板存在位置偏移，需要视觉引导点胶，制造企业通过机器视觉，获取产品中两个特征圆孔的中心坐标，计算偏移量数据并精确引导机械手点胶，提高生产效率和产品品质。在电子产品生产过程中，机器视觉系统用于检测产品外观和性能缺陷，如显示屏的色彩和亮度不均等，如图0-1所示。

 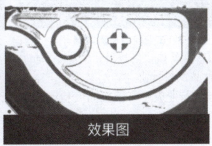

产品图　　　　　　　　　　效果图

图0-1　电子行业检测案例

（2）制药行业

制药行业应用有药品生产过程的质量检测、药品的形状厚度、药品装瓶数量统计等，如胶囊药品包装时，机器视觉可以利用颜色识别功能来识别不同颜色的药品，并作出相应的判定，防止装错的药品流入市场，如图0-2所示。

（3）工业包装

工业包装应用有外观完整性检测、条码识别、生产日期、密封性检测等，如在酒瓶检测过程当中，机器视觉逐渐成为最常用和最主要的检测方法，可以实现对外观情况如包装封口、瓶口压盖、瓶身变形、标签内容、喷码信息、生产日期等进行检测并剔除不合格品，如图0-3所示。

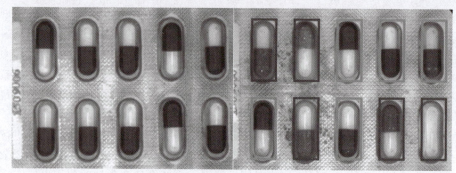

图 0-2　制药行业检测案例

（4）汽车制造行业

汽车制造行业应用有零部件外形尺寸检测、装配完整性检测、部件的定位与识别等，如汽车生产装配产线，机器视觉系统为工业现场的机器人提供了"眼睛"，可以验证零部件是否正确安装，避免装配错误。这允许机器人根据被操作工件的变化实时调整工作轨迹，提升了其智能水平，促进了生产效率，提高了生产质量。视觉应用包括机器人进行的最佳匹配安装、精确制孔、焊缝引导及跟踪、喷涂引导等，确保焊接的完整性和强度，如图 0-4 所示。

图 0-3　工业包装检测案例

图 0-4　汽车制造检测案例

（5）食品饮料行业

食品饮料行业应用有液位高度检测、瓶装饮料外观检测、条码识别等，如酸酸乳生产中，需要在包装盒上打印二维码信息，用于记录产品生产信息，帮助生产厂家进行生产管理、质量控制和追溯。产线速度快，需要快速读取并上传二维码信息，如果出现二维码遮挡或破损，需要快速剔除产品。制造业通过读码器快速解码，获取二维码信息，帮助企业提高生产效率，如图 0-5 所示。

图 0-5　食品饮料行业检测案例

二、机器视觉系统的组成

机器视觉与计算机视觉相比，前者偏重于能够自动获取和分析特定的图像，对准确度和处理速度都有较高要求。简单来说，计算机视觉多用于识别"人"，而机器视觉则多用于识别"物"。

通常一个完整的机器视觉系统由图像采集、图像处理、执行应用三个部分组成，如图 0-6 所示。

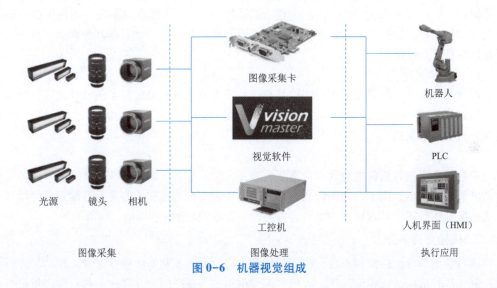

图 0-6　机器视觉组成

1. 图像采集部分

图像采集部分有相机、镜头、光源。图像采集就是将物理对象的视觉图像及其内在特征转换为一组数字化数据的过程，该数据可由系统的处理单元使用。图像采集部分负责获取需要处理的图像数据，是机器视觉系统的前端设备。其主要组成部分包括：

（1）相机

根据应用需求选择合适的相机类型，包括普通的 2D 相机、3D 相机、线扫描相机、热成像相机等，相机的分辨率决定了图像的细节程度，高分辨率相机可以提供更精细的图像。通过感光元件把光信号转换成数字信号并传输出去，相机是机器视觉系统中最关键的部分，工业相机的选择不仅直接决定所采集图像的分辨率、质量等，同时也与整个系统的运行模式直接相关。

（2）镜头

通过镜头调整视野的大小和图像的明暗及清晰度，镜头是机器视觉图像输入部分的主要部件，根据检测的光照条件和目标特点选好镜头的焦距、光圈范围等，在确定了镜头的型号后，设计镜头的后端固定结构，优质镜头可以减少图像畸变，提高成像质量。

（3）光源

通过特定的照明方式把被检测对象的特征清晰地表达出来，光源是影响相机拍摄的重要因素，它直接影响相机拍摄时的质量和效果。因为没有通用的机器视觉光源设备，所以对于每个特定的应用实例，要结合条件进行不断测试进而选择相应的光源装置，力求达到最佳效果。

2. 图像处理部分

图像处理部分包括图像采集卡、图像处理软件和工控机。图像采集卡将图像数据传输到计算机或处理器，图像处理软件对图像进行处理和分析，计算平台执行图像处理算法。图像处理部分负责对采集的图像进行处理和分析，以提取有用的信息。其主要组成部分包括：

（1）图像采集卡

图像采集卡可以对转换后的数字信号进行实时处理，如降噪、增强、滤波等，以提高图像信号的质量。可以对视频信号进行压缩处理，图像采集卡将处理后的数字图像信号传输到计算机中，供后续处理或显示。这一过程通常通过 PCI、USB 等接口实现，确保数据传输的高效性和稳定性。转换和处理后的图像数据可以存储在计算机的硬盘或其他存储介质中，以便长期保存和后续使用。

（2）视觉软件

视觉软件作为一种集成了先进图像处理、特征提取与智能分析技术的软件系统，能够执行一系列复杂而精细的操作，以从图像或视频数据中提取出有价值的信息，为各种应用场景提供有力的技术支持。

（3）工控机

工控机负责执行图像处理和分析算法，包括 CPU、GPU、FPGA 等，根据应用需求选择合适的处理器类型。用于存储图像数据和处理结果，选择高速和大容量的存储设备可以提高系统性能。运行图像处理软件的平台，常见的操作系统包括 Windows、Linux 等。

3. 执行应用部分

执行应用部分包括控制系统、执行机构和人机界面。控制系统根据图像处理结果进行操作控制，执行机构执行相应动作，人机界面提供用户与系统的交互界面。执行应用负责根据图像处理的结果进行相应的控制和操作，是机器视觉系统的执行端。其主要组成部分包括：

（1）控制系统

PLC 是一种专为工业环境设计的数字运算操作电子系统，它采用可编程的存储器，用来在其内部存储执行逻辑运算、顺序控制、定时、计数和算术运算等操作的指令，并通过数字式或模拟式的输入/输出控制各种类型的机械设备或生产过程。工业 PC 配置高性能的处理器、大容量内存和高速存储设备，能够处理复杂的控制算法和大数据量应用。嵌入式控制器用于特定应用场景下的实时控制，具有低功耗和高可靠性的特点。

（2）执行机构

机械手臂用于工业自动化中的装配、焊接、搬运等操作，根据控制系统的指令执行相应动作。传送带用于物料的输送和分类，根据图像处理结果进行自动分拣。驱动电机用于驱动机械设备，根据控制系统的指令调整速度和位置。

（3）人机界面（HMI）

HMI 能够向操作员直观、友好地展示控制系统的状态、参数等过程数据，使操作员能够清晰地了解机器或流程的运行情况。允许操作员通过 HMI 输入命令和设定值，实现对机器或流程的控制和调节。HMI 能够实时监控机器或流程的运行状态，确保生产过程的稳定性和安全性。人机界面（HMI）在工业生产和其他领域中发挥着至关重要的作用，它不仅是操作员与机器或流程之间的桥梁，也是提高生产效率、保障生产安全、实现远程监控与控制的重要工具。

4. 通信与集成

（1）通信接口

以太网用于高速数据传输和远程监控，常用于工业网络；串口用于简单的设备通信，如 RS-232、RS-485 等；无线通信用于灵活的设备连接，如 Wi-Fi、Bluetooth 等。

（2）集成平台

SCADA 系统用于监控和数据采集，实现对整个系统的集中管理和控制，如图 0-7 所示；MES 系统用于生产执行管理，提供生产过程中的实时数据和报告。

图 0-7　SCADA 系统

三、机器视觉系统的工作流程

1. 图像采集

图像采集是机器视觉系统的第一步，通过相机和其他图像采集设备获取目标场景的图像。具体步骤如下：

（1）环境准备

确保工作环境中的光线充足且均匀，避免阴影和反光对图像质量的影响。必要时可以使用辅助光源，如 LED 灯、环形灯等。选择合适的背景颜色和材质，避免背景对图像中的目标物体造成干扰。

（2）相机和光源设置

将相机固定在合适的位置和角度，确保相机视野能够覆盖整个目标区域。调整镜头的焦距和光圈，确保图像清晰，焦点对准目标物体。根据需要选择和布置光源，如环形光源、同轴光源、背光光源等，确保目标物体的光照均匀。

（3）图像获取

设置相机的曝光时间、增益、白平衡等参数，以获得最佳的图像质量。使用相机采集目标场景的图像，确保图像覆盖整个目标物体，并且图像清晰、无运动模糊。通过图像采集卡或其他接口，将采集的图像传输到计算平台进行处理。

2. 图像处理

图像处理是机器视觉系统的核心，通过对采集的图像进行处理和分析，提取有用的信息。具体步骤如下：

（1）图像预处理

将彩色图像转换为灰度图像，减少数据量，便于后续处理。使用均值滤波、高斯滤波、中值滤波等方法，去除图像中的噪声，提高图像质量。使用对比度增强、边缘增强等技术，突出图像中的关键特征。

（2）特征提取

使用 Sobel、Canny 等边缘检测算法，提取图像中的边缘信息。使用 Harris、FAST 等角点检测算法，提取图像中的角点特征。使用 GLCM（灰度共生矩阵）、LBP（局部二值模式）等方法，分析图像中的纹理特征。

（3）图像分割

使用全局阈值、自适应阈值等方法，将图像分割成目标和背景区域。从种子点开始，通过相似性判断，逐步扩展到整个目标区域。使用形态学操作、边缘跟踪等方法，检测图像中的目标轮廓。

（4）图像分析与识别

使用模板匹配、特征匹配、深度学习等方法，识别图像中的目标物体。使用机器学习、深度学习等算法，对目标物体进行分类和检测。根据图像中的特征，计算目标物体的尺寸、位置和姿态。

3. 结果输出与应用

根据图像处理和分析的结果，机器视觉系统执行相应的控制和操作，完成实际应用。具体步骤如下：

（1）结果验证

通过比较识别结果与已知标准，验证识别和测量的精度。分析识别和测量过程中产生的误差，并进行必要的调整和校正。

（2）结果输出

将识别和测量结果以数据的形式输出，如尺寸、位置、分类标签等，将处理后的图像和结果显示在监视器或用户界面上，便于操作人员查看和分析。

（3）控制系统响应

根据图像处理的结果，生成相应的控制指令，如合格/不合格判断、分类指令等，控制系统接收指令后，驱动执行机构完成相应的操作，如启动/停止传送带、分拣、打标等。

（4）数据存储与记录

将处理结果、图像数据和操作记录存储在数据库或文件系统中，便于后续查询和分析。管理和维护存储的记录，定期备份和归档，确保数据安全和可追溯性。

四、机器视觉系统的优点与挑战

1. 机器视觉系统的优点

（1）提高生产效率

机器视觉系统能够自动执行复杂的检测和测量任务，减少人为操作，提高生产效率。相较于人类视觉，机器视觉系统可以在极短时间内处理大量图像，实现高速检测和处理。

（2）提高产品质量

机器视觉系统可以在微米级别精度下进行检测，识别出细小的缺陷和偏差，确保产品质量。机器视觉系统能够提供一致的检测结果，不受疲劳和情绪影响，保证产品质量的稳定性。

（3）减少人力成本

通过自动化检测和测量，减少对人工的依赖，降低人力成本。在危险或有害环境中使用机器视觉系统，可以减少人员暴露在危险环境中的时间，提高工作安全性。

（4）提高检测精度

机器视觉系统能够进行高精度的尺寸测量、位置检测和角度测量，确保检测结果的准确性。机器视觉系统可以执行复杂的图像分析任务，如模式识别、特征匹配和深度学习，提高检测精度。

（5）多功能性

机器视觉系统可用于检测、测量、识别、分类、定位等多种任务，适应不同的应用需求。通过编写不同的算法和程序，机器视觉系统可以灵活应对各种检测和分析任务。

2. 机器视觉系统的挑战

（1）环境光线变化

环境光线的变化可能导致图像亮度和对比度的不稳定，影响检测结果的准确性。反光和阴影可能干扰图像中的目标物体，导致误检或漏检。

（2）复杂的图像处理算法

复杂的图像处理和分析算法需要强大的计算能力，可能导致系统响应时间延长。针对不同的应用场景，优化图像处理算法以提高精度和速度，具有一定的技术难度。

（3）数据处理和存储需求

高分辨率和高速摄像头产生的大量图像数据，需要高效的存储和管理。在某些应用中，图像数据需要实时处理，对系统的硬件和软件性能提出了较高要求。

（4）实时性要求

某些工业应用要求机器视觉系统在极短时间内完成图像处理和决策，保证生产线的连续运行。实时性差可能导致控制指令延迟，影响生产线的协调和效率。

（5）成本控制

机器视觉系统的硬件设备（如高分辨率相机、光源、计算平台等）和软件开发成本较高。系统的维护和定期升级需要额外的投入，以确保系统长期稳定运行。

（6）培训与技能要求

操作和维护机器视觉系统需要专业技能和知识，对操作人员的培训提出了要求。机器视觉技术发展迅速，操作人员需要不断学习和掌握新技术，保持技术优势。

（7）适应多样化场景

机器视觉系统需要在各种复杂环境中稳定工作，如高温、高湿、振动等。不同应用场景对系统的要求不同，需要灵活调整和配置系统，以满足特定需求。

五、机器视觉系统的发展趋势

1. 智能化

（1）深度学习与人工智能的应用

使用深度学习算法，机器视觉系统可以自动检测和分类各种复杂的缺陷，如表面划痕、裂纹、凹陷等，提高检测准确率和效率。机器视觉系统可以通过自学习和自适应算法，根据不同的检测环境和需求，动态调整参数和策略，提高系统的鲁棒性和灵活性。通过训练卷积神经网络（CNN）等深度学习模型，机器视觉系统可以实现高精度的图像识别与分类，广泛应用于产品质量检测和分类分拣。

（2）数据驱动的决策

利用机器视觉系统采集的大量数据，通过大数据分析技术，优化生产流程和质量控制，提升整体生产效率。基于机器视觉数据和人工智能技术，进行设备运行状态监测和预测性维护，预防设备故障，减少停机时间。

2. 集成化

（1）系统集成度提高

开发集成度更高的机器视觉系统，将相机、光源、处理器、通信模块等集成在一个设备中，简化系统架构，降低安装和维护成本。采用模块化设计，用户可以根据具体需求自由组合和配置机器视觉系统，增强系统的灵活性和适应性。

（2）多功能集成

集成多种传感器，如RGB相机、红外相机、激光雷达等，实现多模态数据融合，提高系统的检测能力和准确性。机器视觉系统能够同时处理多个任务，如尺寸测量、缺陷检测、定位与导航等，提高系统的综合性能。

3. 高精度与高速度

（1）高分辨率相机

采用高分辨率相机，提升图像细节表现能力，满足微小缺陷检测和高精度测量的需求。使用多光谱相机，获取不同波段的图像信息，提高对复杂材料和环境的识别能力。

（2）高速处理器

引入高性能计算平台，如GPU、FPGA等，提高图像处理速度，实现实时检测和分析。采用并行处理架构，多个处理单元同时工作，加速图像处理和分析过程，满足高速生产线的需求。

4. 高可靠性与稳定性

（1）鲁棒性提升

开发能够适应各种复杂工业环境的机器视觉系统，如高温、高湿、振动等，提高系统的鲁棒性和稳定性。通过软硬件优化，增强机器视觉系统的抗干扰能力，确保在电磁干扰、粉尘和噪声等环境下的稳定运行。

（2）长期运行稳定性

机器视觉系统具备自我诊断和自我修复能力，能够实时监测系统状态，自动检测和修复故障，保证长期稳定运行。引入冗余设计，提高系统的容错能力和可靠性，避免单点故障影响整个系统的正常运行。

项目一　机器视觉基础及硬件选型

项目描述

在当今工业自动化和智能制造的浪潮下，一个新兴领域正逐渐成为焦点——工业视觉。作为机器视觉的一个分支，工业视觉主要应用于工业生产过程中，为机器赋予了类似人类的视觉能力，助力企业提高生产效率、保障产品质量。

机器视觉系统，相当于机器的"眼睛"，利用计算机视觉技术对工业生产过程中的各种图像进行自动识别、定位、检测等操作，从而实现自动化、智能化生产。

机器视觉系统工作流程包含图像捕获、图像数据传输、图像数据处理和结果输出等步骤。其中，对视觉信息的特征获取是机器视觉的关键环节，高效的信息获取通常需要根据具体的使用场景，使用特定的识别方法及光源来实现准确的特征获取、识别及处理结果。

机器视觉系统由硬件和软件组成，本项目的主要任务是对工业机器视觉系统的认知和视觉系统中硬件的选型。

任务一　工业相机认知及选型

任务引入

工业相机是机器视觉系统中图像采集模块的核心部件，对于机器视觉系统选型来说是至关重要的。工业相机有哪些类型呢？在企业生产中我们又怎么去选择合适的相机呢？

学习目标

【知识目标】

（1）了解工业相机的类型；

（2）了解工业相机的基本参数和选型方法。

【能力目标】

（1）能够根据检测对象的特征，确定相机的类型；

（2）能够根据检测精度、视场要求，确定相机分辨率；

（3）能够根据系统特征，选择合适的通信接口。

【素养目标】

（1）根据工作岗位职责，完成小组成员的合理分工；

（2）团队合作中，各成员学会合理表达自己的观点。

预备知识

一、工业相机介绍

工业相机（见图1-1）是机器视觉系统的重要组成部分，其最本质的功能是通过CCD或CMOS成像传感器将镜头接收的光信号转变为有序的电信号，并将这些信息通过接口传送到计算机主机。工业相机的选择不仅直接决定所采集图像的分辨率、质量等，同时也与整个系统的运行模式直接相关。

图1-1　工业相机

二、工业相机的分类

1. 相机主要分类

相机的分类如表1-1所示。

表1-1　相机的分类

分类方法	分类1	分类2
芯片类型	CCD相机	CMOS相机
传感器结构特征	线阵相机	面阵相机
扫描方式	隔行扫描	逐行扫描
输出信号	模拟相机	数字相机
输出色彩	黑白相机	彩色相机
输出速度	普通速度相机	高速相机

2. CCD相机和CMOS相机

工业相机在机器视觉系统中至关重要。根据相机感光器的不同，可分为CCD相机和CMOS相机。CCD采用电荷耦合器件，CMOS采用互补金属氧化物半导体。CCD相机虽然成本较高，但它比CMOS相机具有更好的成像质量、成像通透性、色彩丰富度等。

3. 面阵相机和线阵相机对比

根据CCD感光元件的不同，CCD相机可分为线阵和面阵相机两大类。

1）面阵相机，其感光元件呈面状，可以一次性获取二维图像信息。这种相机的像素矩阵排列整齐，每个像素点都能独立地接收光线并转换为电信号，从而生成完整的图像。面阵相机的分辨率通常由像素数量和像素尺寸决定，像素越高，分辨率越高，图像细节越丰富。面阵相机由于其结构简单、工作原理直观的特点，被广泛应用于各种需要获取二维图像信息的场景。例如，安防监控、人脸识别、智能交通等领域都大量使用了面阵相机。此外，在工业自动化领域，面阵相机也常用于物体识别、定位、测量等任务。这些应用通常要求相机能够快速准确地获取图像信息，并进行实时处理和分析。

2）线阵相机，感光元件呈现线状，采集的图像信息也是线状。为了获取完整的二维图像，线阵相机需要与扫描运动相配合，逐行扫描物体表面。因此，线阵相机的图像采集过程相对复杂，需要精确的机械控制和同步信号，如采集匀速直线运动金属、纤维等材料的图像。线阵相机则主要应用于需要高精度测量和检测的场景。例如，在印刷、纺织、包装等行业中，线阵相机常用于检测产品的表面质量、尺寸精度等指标。这些应用通常要求相机能够准确测量到微米级别的细节，并具备高速扫描和高分辨率的特点。

4. 黑白相机与彩色相机对比

根据相机输出图像不同可分为黑白相机和彩色相机。

1）输出图像是黑白的就是黑白相机，当光线照射到感光芯片时，光子信号会转换成电子信号。由于光子的数目与电子的数目成比例，主要统计出电子数目就能形成反应光线强弱的黑白图像。经过相机内部的微处理器处理，输出就是一幅数字图像。在黑白相机中，光的颜色信息是没有被保留的。

2）输出图像是彩色的就是彩色相机，实际上 CCD 是无法区分颜色的，只能感受到信号的强弱。在这种情况下为了采集彩色图像，理论上可以使用分光棱镜将光线分成光学三原色（RGB），接着使用三个 CCD 去分别感知强弱，最后综合到一起。这种方案理论上可行，但是采用 3 个 CCD 加分光棱镜使得成本骤增。最好的办法是仅使用一个 CCD 也能输出各种彩色分量，但彩色图像的细节处会出现伪彩色，导致精度降低，所以目前市面上有的彩色相机是伪彩色相机。

三、工业相机的参数

在进行工业相机选型时，要考虑工业相机的分辨率、像素深度等参数。

1. 图像传感器尺寸

图像传感器是相机的核心。图像传感器的尺寸通常有 1″、2/3″、1/2″、1/3″、1/4″，如图 1-2 所示。

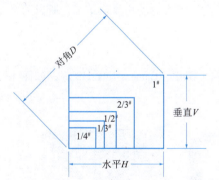

CCD尺寸	图像尺寸/mm		
	水平：H	垂直：V	对角：D
1″	12.8	9.6	16.0
2/3″	8.8	6.6	11.0
1/2″	6.4	4.8	8.0
1/3″	4.8	3.6	6.0
1/4″	3.6	2.7	4.5

图 1-2　图像传感器尺寸

2. 分辨率

相机分辨率：相机芯片像元的个数，分辨率越高，成像后的图像像素数就越高，图像就越清晰。

面阵相机分辨率以像素总数或者横向分辨率乘以纵向分辨率表示，常见的分辨率有：

30 万：640×480　　　　　　130 万：1280×1024

200 万：1600×1200　　　　　500 万：2592×1944

600 万：3072×2048　　　　　1000 万：3840×2748

2000 万：5496×3672   2900 万：6576×4384

线阵相机分辨率特指图像行的数目，常见的有 1024、2048、4096、8000 等。

3. 像素和像元

像元：芯片的基本组成单位，是实现光电信号转换的基本单元。

像素：图片的基本组成单位，是芯片相对应像元产生的图片灰度信息。

芯片尺寸＝分辨率×像元尺寸。

4. 视场和精度

视场：相机拍摄到的幅面的实际大小。

精度：相机拍摄图像上一个像素代表的实际尺寸大小。

例：用 500 万像素相机（分辨率 2592×1944）拍摄 80 mm 的视场，则精度＝80÷2592＝0.031（mm/pixel）

5. 帧率

帧率是用于测量显示帧数的量度。所谓的测量单位为每秒显示帧数，简称：fps 或赫兹（Hz）。每秒的帧数（fps）或者说帧率表示图形处理器处理图像时每秒钟能够更新的次数。高的帧率可以得到更流畅、更逼真的动画。

对于面阵相机一般为每秒采集的帧数（Frames/Sec.），对于线阵相机为每秒采集的行（Lines/Sec.）。

6. 曝光时间和曝光方式

传感器将光信号转换为电信号形成一帧图像，每个像元接收光信号的过程叫曝光，所花费的时间叫曝光时间，也叫快门速度。

曝光方式分为卷帘曝光和全局曝光。卷帘曝光是相机芯片逐行陆续曝光，全局曝光是相机芯片全部像元同时曝光。卷帘式快门是逐行顺序曝光，所以不适合运动物体的拍摄。当采用全局快门方式曝光时，所有像素在同一时刻曝光，类似于将运动物体冻结了，所以适合拍摄快速运动的物体。

7. 相机接口类型

常见的数据接口有 Camera link、USB、IEEE 1394、GigE、Camera link HS 等，如图 1-3 所示。光学接口有 C、CS、F 等。

USB接口　　　　　IEEE 1394　　　　GigE（千兆网）　　　Camera link HS

图 1-3　相机接口类型

四、工业相机的选型方法

不同的工业相机，各自的参数也会有所不同，如何进行相机的选型成为视觉系统应用方案的首要任务，具体的选型步骤如图 1-4 所示。

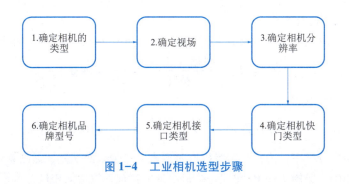

图1-4　工业相机选型步骤

工作任务——工业相机选型实例

任务要求

产品如图1-5所示，在表1-2中选择合适的相机，检测要求如下：

1）检测产品大小：67 mm×45 mm，检测产品的尺寸及缺陷检测；

2）产品在运动中检测，产线速度为0.2 m/s；

3）检测速度：120个/min；

4）测量精度0.05 mm；

5）没有颜色检测要求，产品银白色；

6）通信距离12 m。

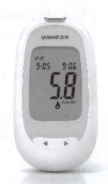

图1-5　血糖仪

表1-2　工业相机参数

类别	暂命名	分辨率	帧率/fps	曝光模式	颜色	芯片大小	像元大小/μm	接口	像素
2D相机	相机A	1280×1024	>20	全局	黑白	1/2″	4.8	USB	130万
2D相机	相机B	2592×2048	>20	全局	黑白	2/3″	3.2	GigE	500万
2D相机	相机C	2592×1944	>20	卷帘	彩色	1/2.5″	2.2	GigE	500万
3D相机	相机D	1280×1024	/	/	/	/	/	GigE	130万

任务实施

根据项目对工业相机的要求，在进行工业相机选型时确定相机的类型、视场、分辨率、快门类型、接口类型和品牌型号。

步骤1：确定相机的类型

1）确定选择面阵相机还是线阵相机。

由于线阵相机常用于一维动态目标的测量，而本项目需要获取完整的目标图像，因此选择面阵相机。

2）确定选择黑白相机还是彩色相机。

由于检测的产品为单一颜色，没有颜色检测要求，因此选用黑白相机。

步骤2：确定视场

确定视野大小，要比检测的对象略大点，这里确定视场：长边×短边为70 mm×50 mm。

步骤 3：确认相机分辨率

根据算法精度（最少 2 个像素）和重复定位精度小于 0.05 mm，长边像素数量至少为：

$$长边像素 = \frac{视场（长边）}{精度} = \frac{70}{0.05} = 1400$$

短边像素数量至少为：

$$短边像素 = \frac{视场（短边）}{精度} = \frac{50}{0.05} = 1000$$

然后最终确定分辨率，为减少边缘提取时像素偏移带来的误差，提高系统的精确度和稳定性，实际使用中一般用 2~3 px 对应一个最小缺陷特征，故最低相机分辨率为：

$$相机分辨率 = 长边像素 × 短边像素 × 2 = 1400 × 1000 × 2 = 280 万$$

根据表 1-2 中提供的相机，符合的是 500 万像素的相机。

步骤 4：确认相机快门类型

拍照方式是产线运动时拍照，故选用全局曝光类型的相机。检测速度为 120 个/min，选用至少 2 帧以上的帧率就能满足要求。

步骤 5：确认相机接口类型

通信距离 12 m，需要使用千兆网的相机才能实现该通信距离。

步骤 6：确定相机品牌型号

最终，符合视觉检测要求的相机选用表 1-2 中的相机 B。

拓展任务

检测要求如下，从表 1-2 中选用合适的相机：

（1）检测产品大小：120 mm×100 mm，检测产品的尺寸；

（2）产品在静止时检测；

（3）测量精度为 0.1 mm；

（4）没有颜色检测要求，产品银白色；

（5）通信距离为 3 m。

任务二　工业镜头认知及选型

任务引入

光学镜头一般称为摄像镜头或摄影镜头，简称镜头，其功能就是光学成像。镜头是机器视觉系统中的重要组件，对成像质量有着关键性的作用，它对成像质量的几个最主要指标都有影响，包括分辨率、对比度、景深及各种像差。镜头不仅种类繁多，而且质量差异也非常大，但一般用户在进行系统设计时往往对镜头的选择重视不够，导致不能得到理想的图像，甚至导致系统开发失败。本任务主要引导大家学习对工业镜头的认知及选型方法。

学习目标

【知识目标】

（1）了解镜头的功能、结构以及成像原理；

（2）了解镜头的类型和基本参数。

【能力目标】

（1）能够根据检测对象的特征，确定镜头的类型；

（2）能够根据工作距离和相机分辨率，计算镜头的焦距；

（3）能够根据选型手册，确定镜头的型号。

【素养目标】

（1）根据工作岗位职责，完成小组成员的合理分工；

（2）团队合作中，各成员学会合理表达自己的观点。

预备知识

一、工业镜头结构及原理

镜头是由一些光学零件按照一定的方式组合而成的。常见的光学零件有透镜、反射镜、棱镜等。

定焦镜头如图 1-6 所示，有对焦环和可变光圈两个环，为了防止误碰，工业镜头的两个环都有锁定螺母。

成像原理如图 1-7 所示。

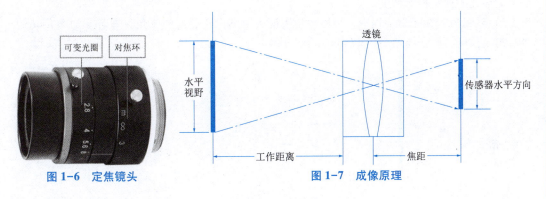

图 1-6　定焦镜头　　　　图 1-7　成像原理

二、工业镜头的分类

1. 按焦距划分：定焦和变焦

1）定焦：镜头不能让拍摄画面放大缩小，拍摄的时候要自己找好适合的焦距位置进行拍摄。

2）变焦：可以扭动伸缩镜头来让画面放大缩小，拍摄时想拍特写或远景相对方便调整焦距。

2. 按光圈划分：固定光圈和可变光圈

1）固定光圈：变焦镜头是指不管在什么焦距下，最大光圈都保持不变的一种镜头。也就是说它的最大光圈不会受焦距变化的影响，无论你把变焦镜头设置为多少焦距，都能使用其标称的最大光圈。

2）可变光圈：可变光圈是一种可以调节相机镜头进光量的技术，它可以让用户在不同光照条件下拍出更好的照片。它的原理是通过一组可旋转或可移动的叶片，来改变镜头的光圈大小。

3. 按倍数划分：定倍镜头、连续变倍镜头

1）定倍镜头：就是焦距固定的镜头，比如海康 85 mm F1.8 镜头，它的焦距就是固定 85 mm。如果使用定焦镜头还想改变与被摄物体之间的距离，那么就要自己进行走动了。定

焦镜头普遍具有大光圈的特性，比如 F2.0、F1.8、F1.4、F1.2 等。相对而言，定焦镜头可以提供比变焦镜头更优秀的画质，但并不是每一支定焦镜头都有如此特性。

2）连续变倍镜头：放大倍数可以在一定范围内连续无级调节的光学镜头。

三、工业镜头的参数

1. 工作距离

工作距离是指目标和镜头之间的距离。

实际使用时要注意的是，一个镜头不能对任意物距下的目标都清晰成像，所以镜头的工作距离是个有限的范围。

2. 焦距

镜头焦距是指镜头光学后主点到焦点的距离，是镜头的重要性能指标。镜头焦距的长短决定着拍摄的工作距离、成像大小、视场角大小及景深大小。

3. 视场与视场角

视角与视场角如图 1-8 所示。

1）视场：指镜头能观测到的实际范围。镜头的视野大小和相机的分辨率，决定视觉系统所能达到的视觉检测精度。

2）视场角：在光学工程中，视场角是指镜头对图像传感器的张角，即若 y' 为 Sensor 的半对角线长度，则视场角 $2\theta \approx 2 \times \arctan \left(y'/f' \right)$

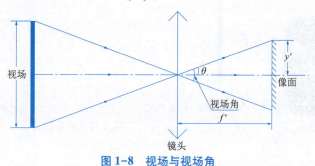

图 1-8　视场与视场角

4. 光圈/相对孔径

光圈和相对孔径是两个相关概念，如图 1-9 所示。光圈用 F 表示，以镜头焦距 f' 通孔直径 D 的比值来衡量。F 值越大，光圈越小；F 值越小，光圈越大。相对孔径 $\left(\text{通常用} \dfrac{D}{f'}\right)$ 是镜头入瞳直径与焦距的比值，而光圈是相对孔径的倒数。

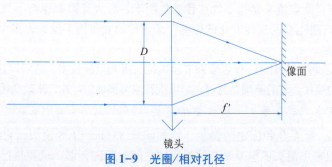

图 1-9　光圈/相对孔径

5. 景深

如图 1-10 所示，在聚焦完成后，在焦点前后的范围内都能形成清晰的像，这一前一后的距离范围，叫作景深。

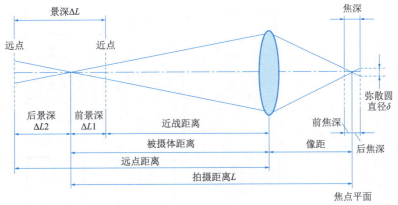

图 1-10　景深

6. 放大倍率

放大倍数示意如图 1-11 所示。

透镜的物方主点到物平面的距离，称为物距。

透镜的像方主点到像平面的距离，称为像距。

$$放大倍率\ \beta = \frac{像距}{物距} = \frac{芯片尺寸}{视场}$$

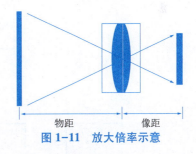

图 1-11　放大倍率示意

7. 接口

镜头需要与相机进行配合才能使用，两者之间的连接方式通常称为接口。

为提高各生产厂家镜头之间的通用性和规范性，业内形成了数种常用的固定接口，例如 C 接口、CS 接口、F 接口、V 接口、T2 接口、徕卡接口、M42 接口、M50 接口等。

四、镜头的各参数间相互影响关系

1. 焦距大小的影响

焦距越小，景深越大；焦距越小，畸变越大；焦距越小，渐晕现象越严重，使像差边缘的照度降低。

2. 光圈大小的影响

光圈越大，图像亮度越高；光圈越大，景深越小；光圈越大，分辨率越高。

3. 像场中央与边缘

一般情况下图像中心比边缘成像质量好，图像中心比边缘光场照度高。

4. 广波长度的影响

在相同的相机及镜头参数条件下，照明光源的光波波长越短，得到的图像的分辨率越高。所以在需要精密尺寸及位置测量的视觉系统中，尽量采用短波长的单色光作为照明光源，对提高系统精度有很大的作用。

五、镜头选型思路

镜头选型思路如图1-12所示。

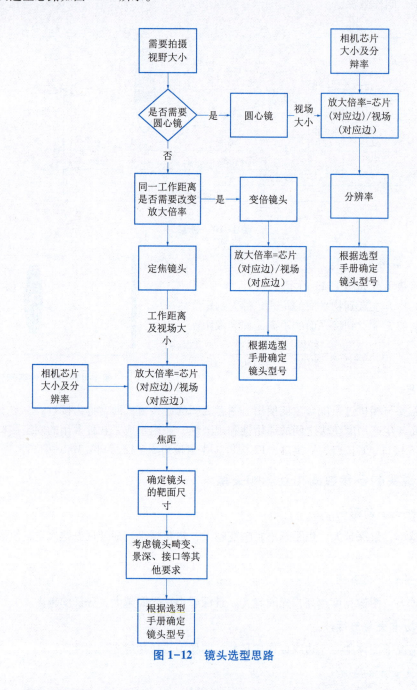

图1-12 镜头选型思路

工作任务——工业镜头选型实例

任务要求

已知相机为 MV-CS050-20GM（分辨率 2592×2048，像元尺寸 3.2 μm×3.2 μm），视野大小为 77 mm×55 mm，工作距离为 220~260 mm，镜头为 25 mm 焦距镜头，要求精度为 0.04 mm，则应该选用多少焦距的镜头？

在根据任务所提供的参数中，推算出合适的镜头焦距，以及在合理的工作距离中所呈现的视野大小及实际精度，具体参数如表 1-3 所示。

表 1-3　工业镜头参数

类别	暂命名	支持分辨率（优于）	焦距/倍率	最大光圈	工作距离	支持芯片大小
工业镜头	镜头 A	500 万像素	8 mm	F2.8	>100 mm	2/3″
工业镜头	镜头 B	500 万像素	16 mm	F2.8	>100 mm	2/3″
工业镜头	镜头 C	500 万像素	25 mm	F2.8	>100 mm	2/3″
远心镜头	镜头 D	500 万像素	0.3X	F2.8	140 mm	2/3″

任务实施

根据项目对工业镜头的要求，在进行工业镜头选型时确定镜头的焦距划分、光圈、倍数、镜头型号、视场、工作距离、分辨率，然后根据推导公式挑选合适的镜头。

步骤 1：镜头类型选择

需调整镜头焦距，选择变焦镜头。

步骤 2：计算焦距

1）按照长边计算：

$$靶面尺寸（长边）=像元尺寸×分辨率（长边）$$

$$焦距 f=\frac{靶面尺寸（长边）×工作距离}{视野（长边）}=\frac{3.2×2592×220}{77}\ \mu m=23.7\ mm$$

2）按短边计算：

$$焦距 f=\frac{靶面尺寸（短边）×工作距离}{视野（短边）}=\frac{3.2×2048×220}{55}\ \mu m=26.21\ mm$$

步骤 3：确定镜头型号

最终确定选型：25 mm 焦距 FA 镜头、搭配 500 万像素相机，物距 240 mm 情况下可以达到 79.8 mm×63 mm 的视野，单像素精度为 0.0308 mm。

拓展任务

已知相机参数为：分辨率 1280×1024，像元尺寸 4.8 μm×4.8 μm，视野大小为 ≥180 mm×160 mm，工作距离为 280~320 mm，镜头为 25 mm 焦距镜头，要求精度优于 0.1 mm。

根据项目对工业镜头的要求，在进行工业镜头选型时确定镜头的焦距划分、光圈、倍数、镜头型号、视场、工作距离、分辨率，然后根据推导公式挑选合适的镜头。

任务三　光源的认知与选型

任务引入

在机器视觉系统中，合适的光源照明方式可以帮助相机获得更清晰的图像，提高系统检测精度、运行速度及工作效率。光源的作用有形成最有利于图像处理的成像效果、凸显出缺陷和背景的差异，提高图像对比度、照明目标提高目标亮度，克服环境光干扰并保证图像的稳定性。所以选择一个合适的光源对于机器视觉系统至关重要，本任务主要引导大家学习对光源的认知及选型方法。

学习目标

【知识目标】

（1）了解光源的作用；

（2）了解打光方式；

（3）了解常见 LED 光源及其应用。

【能力目标】

（1）根据检测对象的特征选择不同的光源颜色；

（2）能够根据待检对象和检测区域大小，确定光源的尺寸、角度、功率。

【素养目标】

（1）根据工作岗位职责，完成小组成员的合理分工；

（2）团队合作中，各成员学会合理表达自己的观点。

预备知识

一、机器视觉光源分类

常见的工业光源有荧光灯、卤素灯、LED 灯。荧光灯特点是扩散性好，适合大面积拍照，但是响应速度慢，亮度较暗；卤素灯亮度较高，但是响应速度慢且几乎没有亮度和色温的变化。在机器视觉系统中基本使用的是 LED 灯，LED 灯有以下特点：

寿命长：使用寿命约 30000 h；

亮度高：可以使用多个 LED 达到高亮度；

照明稳定：直流供电，无频闪；

使用灵活：同时可组合不同的形状；

功耗低：使用较低的电压，耗电低；

颜色多：可制成各种颜色；

响应速度快：可在 10 μs 或更短时间达到最大亮度。

在机器视觉中，常用的 LED 光源有：

1. 条形光源

条形光源（见图 1-13）也叫条形灯，是一种从侧面打光的照明光源，常用的角度是45°，也有更小的角度。侧光灯可以避免正面照射产生的强烈反光，同时还可以对边缘部分实现高亮的照明，在尺寸检测、外观检测方面应用比较广泛。条形光衍生有高亮条形光（工作距离大于 200 mm）、高均匀条光（可用作背光）。

典型应用场景：包装文字检测、各种字符读取检测、电子部件的形状识别和大小的检测等。

图 1-13　条形光源

2. 环形光源

环形光源（见图 1-14）可以 360°照射无死角，照射角度、颜色组合设计灵活，适合不反光物体的检测，主要用于扩散表面的照明。

典型应用场景：PCB 基板检测、IC 元件检测、电子元件检测、集成电路字符检测、通用外观检测、金属表面划伤检测等机器视觉场景应用，通过环形光源衍生出了弧形光源、高亮环形光源、环形无影光源。

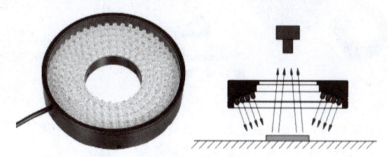

图 1-14　环形光源

3. 同轴光源

同轴光源（见图 1-15）可以消除被测物表面不平整引起的阴影，并且通过分光镜的设计，能够提高成像的清晰度。同轴光源为平板镜面表面提供漫射均匀照明，利用同轴光源方法，垂直于照相机的镜面表面变得光亮，而标记或雕刻的区域因吸收光线而变暗。从同轴光源中衍生出转角同轴光源和飞拍同轴光源。

典型应用场景：金属、玻璃等具有光泽的物体表面的缺陷检测、线路板焊点符号等的检测、集成电路的管脚字符的检测、芯片和硅晶片的破损检测等。

4. 穹顶光源

穹顶光源（见图 1-16）是一款用于扩散、均匀照明的光源，半球结构设计，空间 360°漫反射，光线打到被拍摄物上很均匀，光源的大张角可以帮助弯曲、光亮和不平表面成像。穹顶光源通过半球型的内壁多次反射，可以完全消除阴影。

典型应用场景：曲面形状的缺陷检测、不平坦的光滑表面字符的检测、金属或镜面的表面检测。

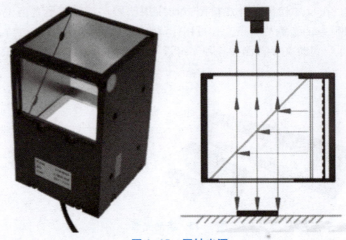

图 1-15　同轴光源

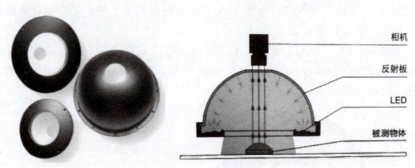

相机

反射板

LED

被测物体

图 1-16　穹顶光源

5. 面光源

面光源（见图 1-17）是由高密度 LED 灯阵列排布，表面是光学扩散材料，面光源发出的是均匀的扩散光，并且颜色组合以及尺寸等均可选，且可以定制。

典型应用场景：零件尺寸测量、电子元器件外形检测、透明物体的划痕检测以及污点检测等。

6. 点光源

点光源采用大功率的 LED 灯珠设计，发光强度高，点光源适用于安装控件较小的视觉系统，经常用于配合远心镜头使用。

图 1-17　面光源

典型应用场景：经常用于微小元器件的检测，Mark 点定位以及晶片、液晶玻璃底基矫正等；外观如图 1-18 所示，可以由点光源衍生出同轴平行光。

7. 线光源

线光源大功率高亮 LED 灯珠横向排布，主要应用于亮度较高的线阵项目，配套线阵相机应用，如图 1-19 所示。

典型应用场景：大幅面印刷品表面缺陷检测、大幅面尺寸精密测量、丝印检测等，可用于前向照明和背向照明等。

图1-18 点光源

图1-19 线光源

二、光源选型技巧

1. 颜色的叠加

颜色的叠加如图1-20所示。

1）互补色：色环中对称颜色叠加在黑白相机下呈现深色。

2）邻色：色环中相邻或同种颜色叠加在黑白相机下呈现浅色。

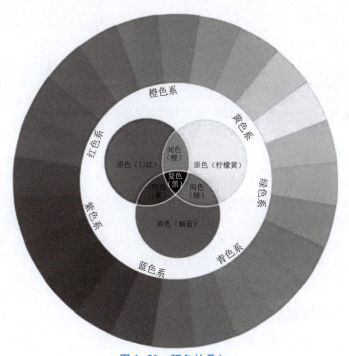

图1-20 颜色的叠加

2. 利用波长的特性

1）红外光波长长，具有穿透性强的特性，红外光可以过滤产品表面有机涂料干扰，检测表面划痕，也可以穿透深色口服液检测内部杂质。

2）紫外光波长短，具有扩散率高以及激发荧光的特性，适用于透明物体表面Mark点定位。适用于如路由器字符检测（该油墨对短波长紫外反射率较低）、UV胶体检测、隐形

学习笔记

码读取等。

3. 不同材质金属对不同波段的光源反射率不同

金属表面分光反射率如图 1-21 所示。

1）铜和金对于波长短的光源，反光较弱。

2）银和铝在波长 850 nm 左右反光相差最大。

3）蓝色光源能够更好地打出铜、金、铝之间的差异。

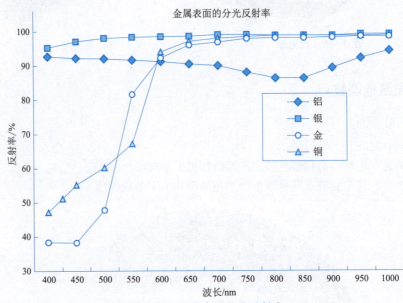

图 1-21　金属表面分光反射率

三、光源控制器

光源控制器如图 1-22 所示。光源控制器的主要作用是给光源供电、控制光源的亮度并控制光源照明状态（亮/灭），还可以通过给控制器触发信号来实现光源的频闪，进而大大延长光源的寿命。光源控制器分为模拟控制器和数字控制器。模拟控制器通过手动调节，数字控制器可以通过电脑或其他设备远程控制。

图 1-22　光源控制器

四、工业光源选型思路

工业光源选型思路如图 1-23 所示。

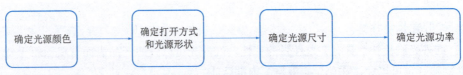

图 1-23　工业光源选型思路

工作任务——光源选型实例

任务要求

测量图 1-24 所示的军工刀的尺寸，由于其表面经常出现飞边及反光，会大大影响美观和实用性，因此需要在检测环节将此种不合格品挑选出来，但是飞边不易观察，需要选择合适的光源，同时需要避免反光以及将飞边展示出来，以便后续的检测。

可选择的光源共三种，编号分别为光源 A、光源 B、光源 C，分别为背光源、条形光源、环形光源。

环境条件：在光线充足的环境下且传送带宽度为 100 mm。

硬件条件：选用黑白相机及合适镜头。

图 1-24 军工刀

任务实施

步骤 1：确定光源颜色

考虑到兼容性，因白色光源对照射对象——红色、绿色、蓝色三种对象的反射光亮度相同，故选用白色光源。

步骤 2：确定打光方式和光源形状

实训台配备的检测对象都是对目标的上表面进行检测，故需要采用明视场照明方案，选用高角度打光的方式，光源形状选择环形。

步骤 3：确定光源尺寸

传送带的宽度为 100mm，光源需要覆盖住整个检测区域，故光源的外直径应该大于 100mm。

步骤 4：确定光源功率

因检测对象类型较多，光源的功率需要可调，故选择功率较大的光源，并配合光源控制器使用。

拓展任务

（1）白色光：机器视觉中白色光分为_____、中间色调颜色。

（2）光线的反射角_____入射角。

（3）光源视觉共有_____种类型。

（4）入射光基本上来自一个_____，射角_____，它能投射出物体阴影。

（5）红+绿 = _____颜色。

（6）红+蓝 = _____颜色。

（7）红+绿+蓝 = _____颜色。

项目二　机器视觉软件基本操作

项目描述

机器视觉软件是机器视觉系统的"大脑"，机器视觉软件能够将拍摄的目标转换成图像信号，然后通过图像处理，通过一定的运算得出结果，这个输出的结果可以是 PASS/FAIL 信号、坐标位置、字符串等。机器视觉软件具备多种功能，可以实现对工件或被测物的查找、测量、缺陷检测等。

本项目需要了解市面上主流的机器视觉软件和 VisionMaster 的特点。VisionMaster 算法平台由海康机器人自主研发，其拥有完整知识产权的机器视觉算法平台软件，算法平台封装了千余种自主开发的图像处理算子，结合简单的拖拽式配置和强大的可视化编辑功能，无须编程，即可快速构建机器视觉应用系统。

本项目分为三个任务进行学习，分别是机器视觉软件图像采集、模板匹配、通信设置，通过三个任务的学习使读者掌握机器视觉软件 VisionMaster 的基本操作。

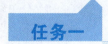
任务一　机器视觉软件图像采集

任务引入

机器视觉软件的学习需要根据给出的任务图片，通过机器视觉软件完成图像采集、图片处理、图片分析并输出结果。使用相机的第一步就是建立连接，完成机器视觉软件的图像采集。

学习目标

【知识目标】

（1）了解常用的机器视觉软件；

（2）了解 VisionMaster 视觉软件的基本操作。

【能力目标】

（1）掌握机器视觉软件的基本操作和工具使用；

（2）掌握机器视觉软件 VisionMaster 的图像采集操作。

【素养目标】

（1）通过学习成就激发学生的学习兴趣；

（2）培养学生敬业、负责、严谨、认真的职业精神。

预备知识

一、常用机器视觉软件

1. OpenCV

OpenCV（见图2-1）由美国 Intel 公司建立，是一个广泛用于计算机视觉和机器学习的开源库。它提供了丰富的图像处理和计算机视觉算法，支持多种编程语言，包括 C++、Python、Java 等，比较适用于科研和学习。

2. VisionPro

VisionPro（见图2-2）是由康耐视（Cognex）公司开发的一款图像处理软件，具有强大的图像处理和分析功能。它可以帮助用户快速准确地进行图像检测、测量和识别等操作，特点是操作便捷、开发快速，但灵活性一般。

图 2-1　OpenCV

图 2-2　VisionPro

3. HALCON

HALCON（见图2-3）是德国 MVtec 公司开发的一套完善的、标准的机器视觉算法包。它提供了广泛的图像处理和分析功能，特点是功能强大，开放性强，能缩短开发周期，应用范围广，但价格相对较高。

4. VisionMaster

VisionMaster（见图2-4）是我国海康机器人有限公司推出的一款通用型机器视觉算法开发平台，它可进行图形化的交互，具有拖拽式的流程编辑方式，简单易用。它包含140多个算法工具，广泛应用在定位引导、尺寸测量、读码、识别、检测等应用场景中。其特点是开发灵活、应用门槛低、工具丰富、性能优秀。

图 2-3　HALCON

图 2-4　VisionMaster

二、VisionMaster 软件介绍

VisionMaster（简称 VM）是一款算法平台软件，集成了大量的底层算子，并实现功能的模块化。可通过该软件进行图形化交互、流程式编辑和可视化配资，以快速搭建视觉应用、解决视觉检测难题，能满足视觉定位、尺寸测量、缺陷检测以及信息识别等机器视觉应用，且拥有多种开发模式。

1. 图形化界面开发

完全图形化的软件交互界面，功能模块直观易懂，拖拽式操作能快速搭建视觉方案，如图 2-5 所示。

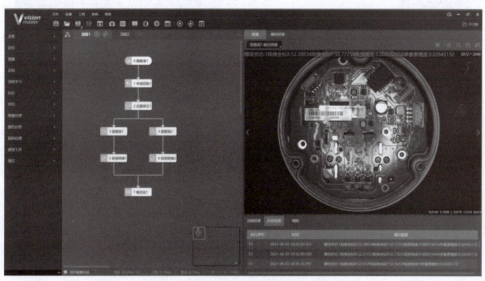

图 2-5　图形化开发模式

2. SDK 二次开发

VisionMaster 算法开发平台提供的 SDK（软件开发工具包）为开发者提供了丰富的接口，能够实现各种复杂的功能需求。用户可对 SDK（软件开发工具包）进行二次开发，包括基本功能的开发和高级功能的开发，实现各种复杂的机器视觉检测需求，如图 2-6 所示。

用户希望部分业务逻辑由自己实现（例如定位计算等），有定制界面和外围功能需求，或希望把 VM 软件嵌入客户开发的软件中。该开发模式代码量少、开发周期较短，且 VisionMaster 提供各类流程与参数编辑控件，能够满足绝大多数应用需求。

3. 算子模块开发

用户希望将自己开发的算子封装成模块并能在 VisionMaster 中使用（例如拖拽、订阅等），补充项目所需的算子功能。该模式需要开发者有一定的算法开发经验和编程功底，如图 2-7 所示。

三、VisionMaster 软件功能介绍

1. 软件初始界面

打开 VisionMaster 软件初始界面（见图 2-8），提供 4 种方案，分别为通用方案、定位测

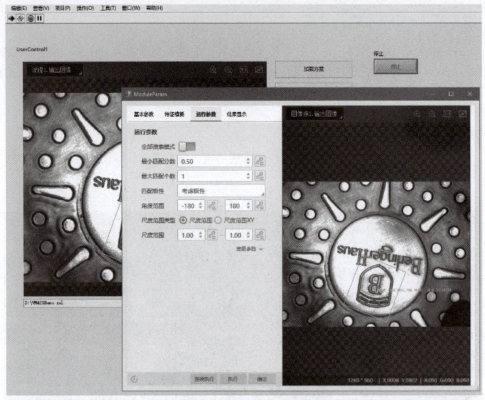

图 2-6　SDK 二次开发

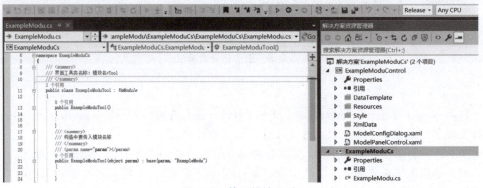

图 2-7　算子模块设计

量、缺陷检测、用于识别,其功能及使用情况说明如下:

1)通用方案:建立一个普通空白方案。

2)定位测量:通过定位、测量工具进行设计。

3)缺陷检测:借助检测工具查找工件缺陷。

4)用于识别:通过识别工具进行方案设计。

2. VisionMaster 软件界面

VisionMaster 软件界面(见图 2-9)上方为菜单栏和全局控制区域,左侧为工具箱,中间为流程编辑区,右侧为图像和结果显示区。界面整体布局分明,可视化和拖拽式操作为视觉方案编辑带来了极大的便利。

图 2-8　VisionMaster 软件初始界面

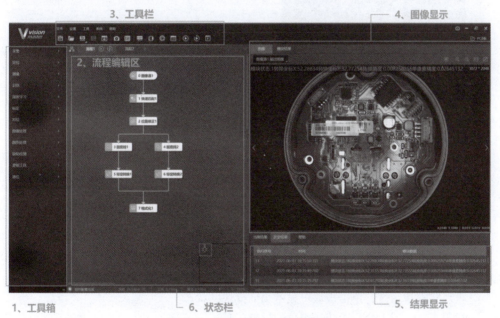

图 2-9　VisionMaster 软件界面

1）工具箱：视觉工具包的集合，包含图像采集、定位、测量、识别、标定、对位、图像处理、颜色处理、缺陷检测、逻辑工具、通信等单元，如图 2-10 所示。

视觉工具包是完成视觉方案搭建的基石，用户按照项目需求，选择相应的视觉工具包，进行方案的搭建和测试。

2）流程编辑区：通过工具箱的工具进行图形化编程，如图 2-11 所示。

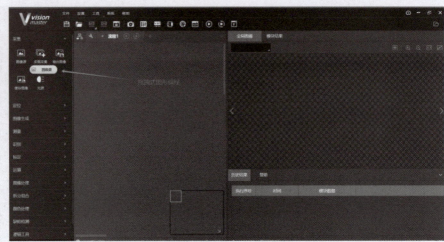

图 2-10　工具箱

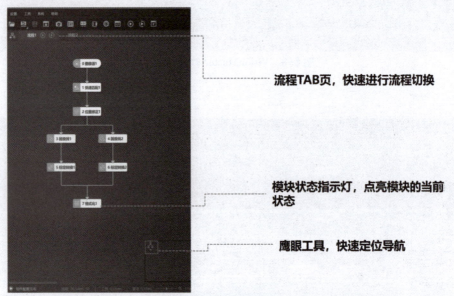

图 2-11　流程编辑区

①流程 TAB 页，快速进行流程切换。

②流程的编辑通过模块之间的连线实现，分析定义流程的逻辑，丰富的排列和对齐方式可帮助用户进行快速排版。

③模块状态指示灯，单击模块可显示当前模块的状态。

④鹰眼工具、用于全视图快速定位的导航工具。

3）工具栏：包含保存、撤销、运行等功能，如图 2-12 所示。

图 2-12　工具栏

①保存方案：在编写完程序时，可以使用该按钮将方案保存到指定的本地文件中。

②打开方案：加载存于本地的工程方案和文件。

③撤销：撤销当前操作，单机其右下角位置，可查看其历史记录。

④重做：取消撤销操作。

⑤相机管理：单击后可进行全局相机的创建，支持同时创建多个全局相机，并且支持修改全局相机的名称。

⑥光源控制器管理：单击后可添加控制器设备。

⑦全局变量：全局变量是可以被本方案中的所有流程调用或修改的变量，可自定义变量名称、类型和当前值。

⑧通信管理：可以设置通信协议以及通信参数，支持 TCP、UDP、串口通信及主流的工业通信协议等。

⑨全局触发：可以通过触发事件和触发字符串来执行相应的操作。

⑩全局脚本：用于控制多流程的运行时序、动态配置模块参数、通信触发等。

⑪单次运行：单击后单次执行流程。

⑫连续运行：单击后连续执行流程，此时会改为停止运行按钮，再次单击后可中断或提前终止方案操作。

⑬运行界面：可以根据需要自定义显示界面。

⑭文件路径：会显示方案的名称，单击可打开方案所保存的位置路径。

4）图像显示区域：通过图形化编程的输出显示结果，如图 2-13 所示。

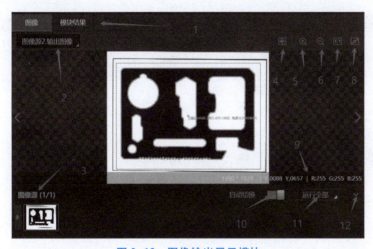

图 2-13　图像输出显示模块

①显示图像的结果及匹配角度等。

②切换输出图像显示结果。

③显示及切换图像源。

④辅助线，可方便显示图像各位置 X、Y 的坐标。

⑤放大输出图像。

⑥缩小输出图像。

⑦1∶1 显示输出图像。

⑧全屏显示输出图像。

⑨当前捕获像素信息。

⑩自动切换参数。

⑪切换运行全部和运行选中功能。

⑫打开图像源数据库。

5）结果显示：可以查看当前结果、历史结果和帮助信息，如图 2-14 所示。

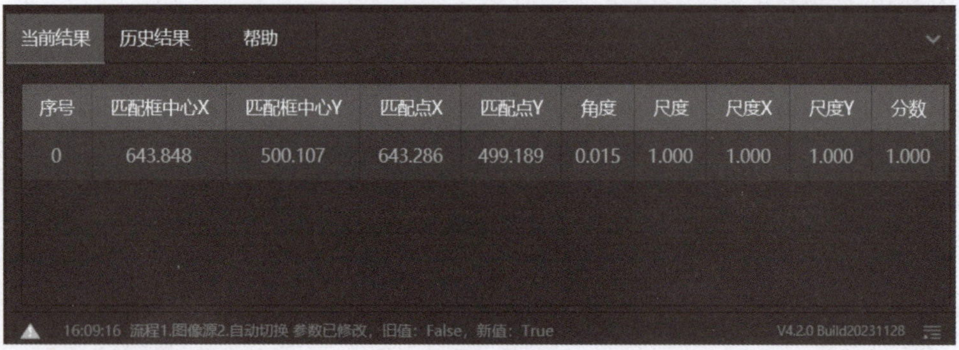

图 2-14　结果显示模块

①当前结果：显示模块当前执行的输出结果。

②历史结果：显示模块历史执行的输出结果。

③帮助：模块的功能说明和操作。

6）状态栏：显示所选单个工具运行时间、总流程运行时间和算法耗时，如图 2-15 所示。

图 2-15　状态栏

①流程配置状态显示。

②耗时显示，包含流程、工具、算法。

③流程显示的放大、缩小。

3. 机器视觉图像采集的获取方式

在打开图像源中，图像源可选择三种格式来传输图像，如图 2-16 所示。

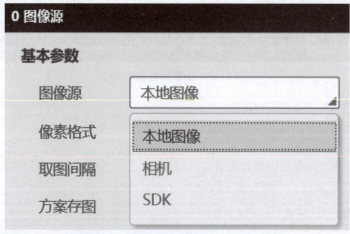

图 2-16　机器视觉图像采集的获取方式

（1）本地图像

从本地图像中加载图像，在软件学习时较常使用，如图 2-17 所示。

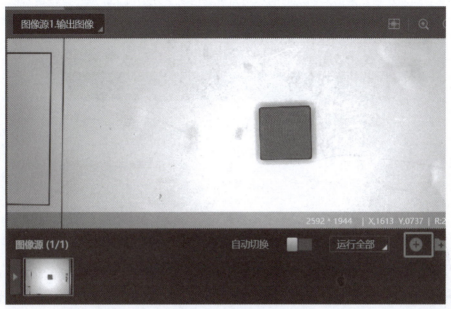

图 2-17　本地图像

但需注意，添加的图像也有格式限定，可使用的格式包括 bmp、jpeg、jpg、png、tif 和 tiff。

（2）相机

完成工业相机接线后，从已连接的相机中获取图像源。

（3）SDK

通过 VM SDK 二次开发获取图像。

4. 像素格式

设置像素格式设置有 MONO8、RGB24。根据拍摄或者导入的图像是黑白还是彩色进行选择，黑白图像选择 MONO8，彩色图像选择 RGB24，如图 2-18 所示。

图 2-18　像素格式

5. 取图间隔

取图间隔根据方案搭建的实际需求去进行调整，取图间隔是指相邻的两张图片加载的时间间隔，如果现场方案需要固定时间取出，可以拖动下方小箭头，或者直接输入数值进行设置，可设置的范围为 0~1000 ms，但在一般使用中，都将取图间隔设置为 0。如图 2-19 所示。

图 2-19　取图间隔

6. 方案存图

方案存图是将本次项目的图片保存到本地文件夹里，下次打开该方案文件时，图像源已有图像，无须重新导入，但需注意方案存图最多为 120 张图片，所保存的图片会在所设置的存储文件夹中。

7. 使用 VisionMaster 软件进行图像采集

使用 VisionMaster 软件进行图像采集流程图如图 2-20 所示。

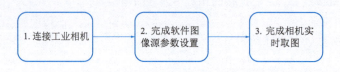

图 2-20　使用 VisionMaster 软件进行图像采集流程图

工作任务——使用 VisionMaster 软件进行图像采集

任务要求

通过工业相机与 VisionMaster 软件的连接，完成实时取图，或者导入本地图片。

任务实施

步骤一　连接工业相机

1）完成工业相机的接线，使工业相机可以正常工作。

2）打开 VisionMaster 软件，在工具栏中单击"相机管理"按钮，如图 2-21 所示。

3）单击相机管理页面左侧部分的+，添加一个全局相机，如图 2-22 所示。

4）单击"选择相机"，如没有显示相机，单击"刷新"图标即可，如图 2-23 所示。

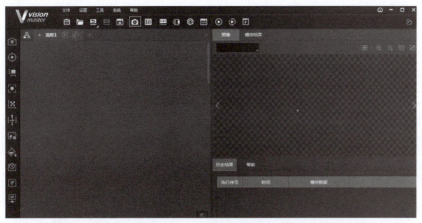

图 2-21　"相机管理"按钮

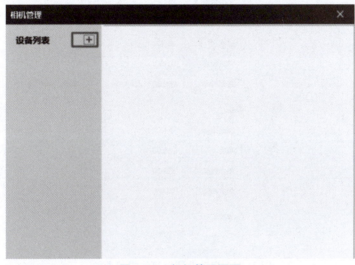

图 2-22　相机管理页面

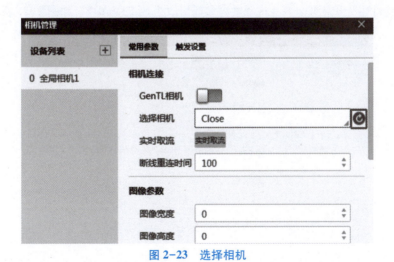

图 2-23　选择相机

5）在选择相机右侧的下拉框中选择已经配置好的相机，将自动获取相机的常用参数，如图 2-24 所示。

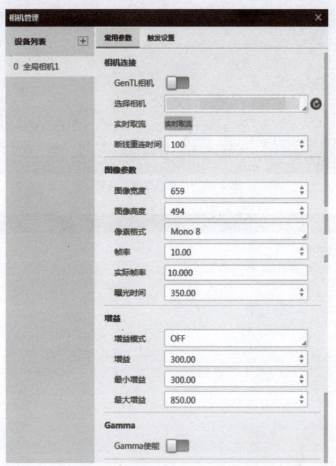

图 2-24　自动获取相机的常用参数

6）切换到触发设置页面，并将触发源参数修改为 SOFTWARE，如图 2-25 所示。

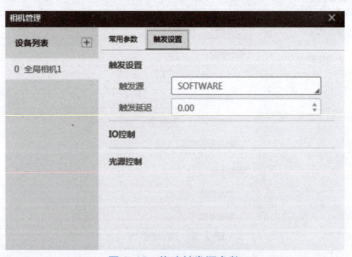

图 2-25　修改触发源参数

步骤二　完成软件图像源参数设置

1）在 VisionMaster 左侧工具箱中的采集分组中，拖拽图像源模块到流程中，并在打开的参数配置页面中，图像源参数中选择相机，如图 2-26 所示。

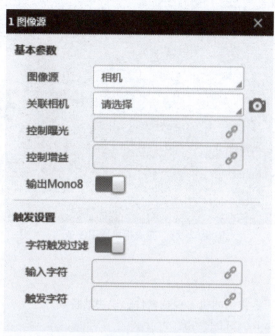

图 2-26　图像源参数中选择相机

2）在关联相机参数中选择已配置好的全局相机 1，如图 2-27 所示。

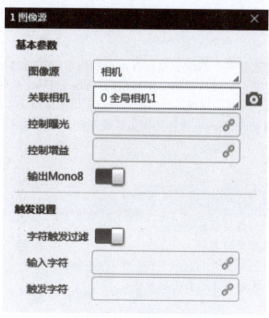

图 2-27　选择已配置好的全局相机

3）关闭参数配置页面，单击"流程运行"按钮，完成相机取图任务，如图 2-28 所示。

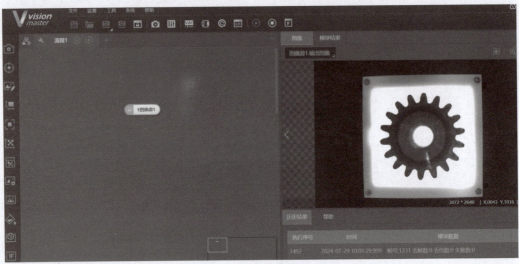

图 2-28　完成相机取图任务

（1）列举几个市面上常用的机器视觉软件，说明其特点。

（2）简述 VisionMaster 软件的功能。

任务二　机器视觉软件模板匹配

任务引入

模板匹配是机器视觉领域中的一项基础且重要的技术，它通过比较图像中已知模板与待检测区域之间的相似度，实现目标的定位与识别。VisionMaster 软件凭借其强大的视觉分析工具库，提供了高效、灵活的模板匹配功能，广泛应用于自动化生产、质量检测等多个领域。本任务将详细介绍 VisionMaster 软件的模板匹配功能，包括基本原理、参数设置、操作步骤及实际应用案例。

学习目标

【知识目标】

（1）了解常用模板匹配类型；

（2）了解模板匹配参数设置。

【能力目标】

能够根据不同任务快速选择模板匹配方法。

【素养目标】

（1）通过学习成就激发学生的学习兴趣；

（2）培养学生敬业、负责、严谨、认真的职业精神。

1. 模板匹配基本原理

模板匹配是通过在待检测图像中滑动模板窗口，并计算模板与窗口内图像之间的相似度来实现的。VisionMaster 软件采用先进的图像处理算法，支持多种相似度度量方法，如相关系数、归一化互相关、平方差等，以满足不同应用场景的需求。

2. 模板匹配类型

机器视觉软件模板匹配可以大致分为以下几种类型：

（1）基于灰度的模板匹配

这种方法直接比较模板图像和待检测图像中对应区域的灰度值差异。通过计算两者之间的相似度（如相关系数、归一化互相关等），找到相似度最高的区域作为匹配结果。这种方法实现简单，但在光照变化、噪声干扰等情况下可能效果不佳。

（2）基于特征的模板匹配

这种方法首先提取模板图像和待检测图像中的特征（如边缘、角点、纹理等），然后比较这些特征之间的相似度。由于特征提取过程可以去除一些冗余信息，因此这种方法对光照变化、噪声等干扰因素具有一定的鲁棒性。

VisionMaster 的特征分为高精度匹配和快速匹配，如图 2-29 所示。

高精度匹配：精度高，耗时长。

快速匹配：精度一般，耗时短。

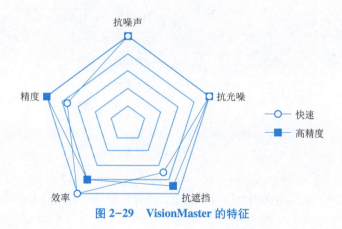

图 2-29　VisionMaster 的特征

（3）基于形状的模板匹配

当目标形状较为规则且容易识别时，可以采用基于形状的模板匹配方法。这种方法通过比较模板形状和待检测图像中形状之间的相似度来找到匹配目标。在 VisionMaster 软件中，用户可以通过绘制形状（如圆形、矩形等）并设置相应参数来创建形状模板，实现基于形状的模板匹配。

（4）基于变换的模板匹配

在实际应用中，目标图像可能会因为视角变化、旋转、缩放等因素而与模板图像产生差异。基于变换的模板匹配方法通过引入仿射变换、投影变换等数学变换模型来适应这些差异。VisionMaster 软件中的模板匹配功能支持设置角度范围、尺度范围等参数，以适应目标图像的旋转和缩放变化。

3. 模板匹配参数详解

运行参数如图2-30所示。

1）最小匹配分数：表示模板与待检测图像中目标的相似程度阈值。只有当相似度达到或超过该阈值时，才认为匹配成功。

2）最大匹配个数：允许在待检测图像中找到的最大匹配目标个数。根据实际需求设置，以避免找到过多的错误匹配。

3）匹配极性：表示模板与待检测图像中目标边缘颜色的过渡情况。根据需要选择"考虑极性"或"不考虑极性"。

4）角度范围：表示待匹配目标相对于模板的角度变化范围。对于可能存在旋转变化的目标，需要设置合适的角度范围。

5）尺度范围：表示待匹配目标相对于模板的尺度变化范围。对于尺寸可能发生变化的目标，需要设置合适的尺度范围。

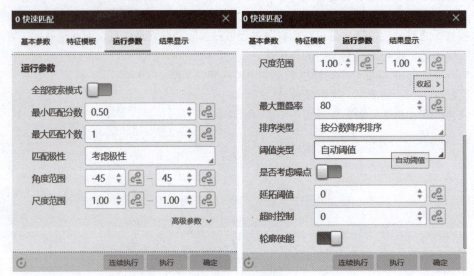

图 2-30 运行参数

6）最大重叠率：当搜索多个目标时，两个被检测目标彼此重合时，两者匹配框所被允许的最大重叠比例，该值越大则允许两目标重叠的程度就越大，范围为0~100，默认为50。

7）排序类型。

①按分数降序排序：按照特征匹配的得分降序排列。

②按角度降序排序：按照当前结果里面相对角度偏移降序排列。

③按 x 由小到大排序：当前结果里面有匹配框中心 x 坐标，按照 x 坐标，由小到大排序，y 轴与 x 轴操作方式相同。

④x 由小到大，y 由小到大：当前结果里面有匹配框中心 x/y 坐标，按照 x 坐标，由小到大排序，当 x 坐标整数化后值相同时再按照 y 从小到大排序。

8）阈值类型。

①自动阈值：根据目标图像自动决定阈值参数，自动适应。

②模板阈值：以模板的对比度阈值经过内部转换后作为匹配阶段的对比度阈值。

③手动阈值：以用户设定的阈值作为查找的阈值参数。

9）是否考虑噪点：勾选后算法会考虑噪点特征，若特征存在毛刺，则评分降低。

10）延拓阈值：延拓阈值为特征在图像边缘显示不全时，特征缺失的部分相对于完整的特征的比例。当被查找的目标出现在图像的边缘显示不全时，延拓阈值可以保证图像被找到。

11）超时控制：规定搜索时间，当时间超过超时控制所设置时间时就会停止搜索，不返回任何搜索结果，取值范围为 0~10000，单位 ms，0 指关闭超时控制功能。

12）轮廓使能：勾选后显示模板轮廓特征点，不勾选则不显示特征点，只显示匹配框，可以减少工具耗时。

4. VisionMaster 模板匹配操作步骤

1）导入图像与模板：首先，需要将待检测的图像和已知的模板图像导入到 VisionMaster 软件中。

2）设置 ROI 区域：为了减小图像查找范围、提高效率，可以手动设置 ROI（Region Of Interest，感兴趣区域）。ROI 区域是模板匹配搜索的限定区域。

3）创建模板：在 ROI 区域内，使用 VisionMaster 提供的工具绘制并创建模板。可以创建多个特征区域，如圆形、矩形等，并调整其参数以适应不同的目标特征。

4）配置参数：根据实际需求，配置模板匹配的参数，如最小匹配分数、最大匹配个数、匹配极性、角度范围、尺度范围等。这些参数将直接影响匹配结果的准确性和效率。

5）执行匹配：单击执行按钮，VisionMaster 将自动在待检测图像中搜索与模板相似的区域，并显示匹配结果。

5. VisionMaster 模板匹配流程图

VisionMaster 模板匹配流程图如图 2-31 所示。

图 2-31　VisionMaster 模板匹配流程图

工作任务——VisionMaster 模板匹配

任务要求

利用 VisionMaster 软件的模板匹配功能，识别工件，工件如图 2-32 所示，要求能够高精度地识别出零件的像素点轮廓，且在旋转工件角度时也能准确识别。

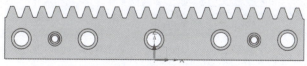

图 2-32　模板匹配工件

任务实施

步骤一　使用软件进行图像采集

本任务提供工件图片，所以在图像源模块中选用本地图片，加载工件图片，并进行图像采集设置。

步骤二　选用模块匹配

因任务要求需识别出工件的高精度像素点轮廓，我们选用高精度匹配模板来识别该零件，如图2-33所示。

步骤三　模板匹配设置

1）配置参数设置，像素点误识别可用橡皮擦或者对比度阈值来调整，如图2-34所示。

2）运行参数设置，设置最小匹配分数、最大匹配个数、匹配极性等，任务要求在旋转工件角度时也能准确识别，设置角度范围为−180°到180°，支持360°旋转进行识别，如图2-35所示。

图2-33　高精度匹配

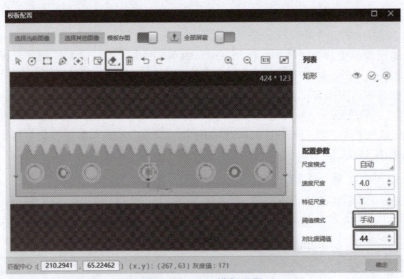

图2-34　特征模版设置

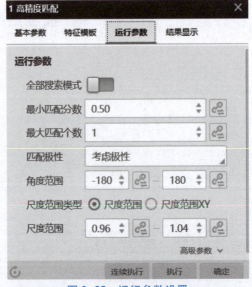

图2-35　运行参数设置

步骤四 识别工件像素轮廓

单击"运行全部"按钮，即可识别出零件的像素点轮廓，如图 2-36 所示。

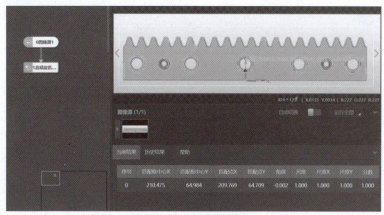

图 2-36　轮廓特征点

拓展任务

通过模板匹配设置，在图 2-37 中只识别出小球的像素轮廓点与个数。

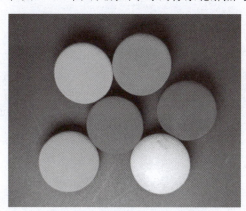

图 2-37　小球的像素轮廓点

任务三　机器视觉软件通信设置

任务引入

工业自动化系统，设备与设备之间的数字交互称为通信，通信方式的选择对于现代工业生产至关重要。随着技术的不断进步，越来越多的通信方式可供选择，但每种方式都有其特点和适用场景。

在机器视觉系统中，也需要将图像处理后的数据传输给其他设备，如 PLC、机器人等。工业通信中经常用到串口，有自由协议和 MODBUS 串口，它们的应用非常广泛。通信协议还可以用作触发源，发送指定字符触发工业相机拍照。除了串口连接方式，VM 软件还可以通过网口进行连接。

本任务通过一个案例，完成机器视觉软件通信设置的学习。

学习目标

【知识目标】

（1）了解几种常用的通信协议；

（2）了解 VisionMaster 的通信设置。

【能力目标】

（1）掌握 VisionMaster 软件中的通信设置，进行数据接收与发送；

（2）了解 VisionMaster 中触发设置。

【素养目标】

（1）通过学习成就激发学生的学习兴趣；

（2）培养学生敬业、负责、严谨、认真的职业精神。

预备知识

一、常用的机器视觉通信方式

1. 网口通信

网口通信是指使用网络端口（Network Port）来发送和接收数据的过程。网口通信是一种网络通信方式，可以在多台设备之间传输数据，如图 2-38 所示，而不像串口通信那样只能在两台设备之间传输数据。

优点：网口通信的优点在于它的传输距离比串口通信要远，可以在几千米以内传输数据，而且可以在多台设备之间传输数据，不像串口通信那样只能在两台设备之间传输数据。

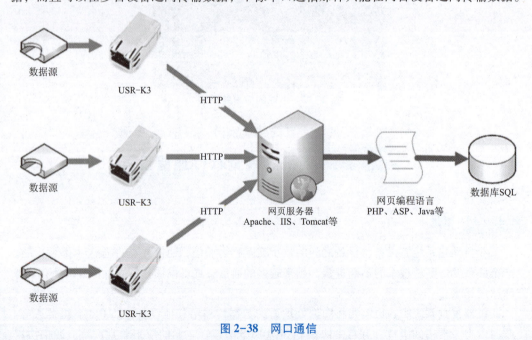

图 2-38　网口通信

缺点：网口通信的缺点在于它的复杂性。网口通信需要多根线缆和多个接口，而且数据传输速率也比较慢，一般只能达到每秒几百次传输，比串口通信的速率要慢得多。

2. 串口通信

串口通信是指使用串行端口（Serial Port）来发送和接收数据的过程。串口通信是一种点对点的通信方式，如图2-39所示，只能在两个设备之间传输数据，而不能像网络通信那样可以在多个设备之间传输数据。

优点：串口通信的优点在于它的简单性。串口通信只需要一根线缆和两个接口就可以完成点对点的通信。另外，串口通信的数据传输速率也比较快，可以达到每秒几百万次传输，比网络通信的速率要高得多。

缺点：串口通信的缺点在于它的传输距离有限，一般只能在几百米以内传输数据，而且只能在两个设备之间传输数据，不能像网络通信那样可以在多台设备之间传输数据。

3. TCP 通信

传输控制协议（TCP，Transmission Control Protocol）是一种面向连接的、可靠的、基于字节流的传输层通信协议。

TCP旨在适应支持多网络应用的分层协议层次结构。连接到不同但互连的计算机通信网络的主计算机中的成对进程之间依靠TCP提供可靠的通信服务。TCP可以从较低级别的协议获得简单的，可能不可靠的数据报服务。原则上，TCP应该能够在从硬线连接到分组交换或电路交换网络的各种通信系统之上操作，如图2-40所示。

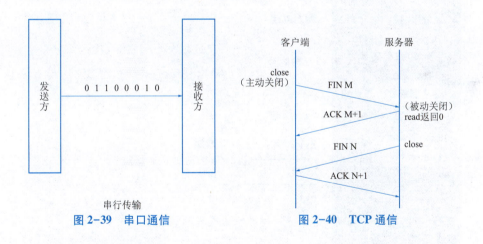

图 2-39　串口通信　　　　　　图 2-40　TCP 通信

4. MODBUS 通信

MODBUS是一种串行通信协议，是Modicon公司（现在的施耐德电气Schneider Electric）于1979年为使用可编程逻辑控制器（PLC）通信而开发的。MODBUS已经成为工业领域通信协议的业界标准，并且现在是工业电子设备之间常用的连接方式，如图2-41所示。

二、VisionMaster 常用的通信工具

1. 接收数据

接收数据模块可从数据队列、通信设备、全局变量中获取数据。以全局变量中接收数据为例，在输入数据中添加数据名称以及订阅数据来源，如图2-42所示。

```
MODBUS应用层
        ↓
英创MODBUS 协议软件（modbus_Master、modbus_Slave）API函数
        ↓                          ↓
                                  TCP
                                   ↓
                                  TCP
        ↓                          ↓
EIA/TIA-232或者              以太网
ETA/TIA-485                  物理层
```

图 2-41　MODBUS 通信

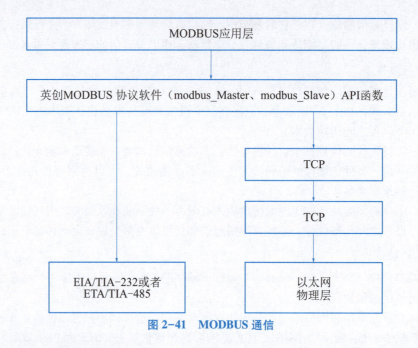

图 2-42　接收数据

2. 发送数据

　　可将数据发送至数据队列、通信设备、全局变量、视觉控制器、发送事件等。以数据发送至全局变量为例，具体如图 2-43 所示，在输出数据中选择"输出至全局变量"，可在输出数据中进行选择变量、选择数据设置，请按照实际要求进行选择设置并发送数据。

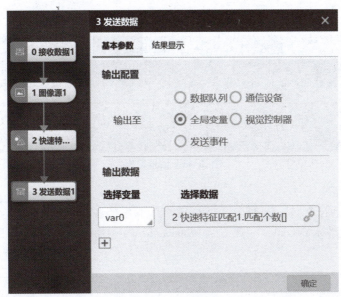

图 2-43　发送数据

3. 协议解析

通信中协议解析工具有文本解析、脚本解析、字节解析三种类型。

（1）文本解析

当外部通信发来的字符串中包含特殊字符或回车换行符时，通过文本解析可分割解析文本内容，解析成多个可读取的变量。例如发送"1；123；234"过来时，设置分隔符为"；"，可将发送来的字符解析成 1、123 和 234，设置如图 2-44 所示。

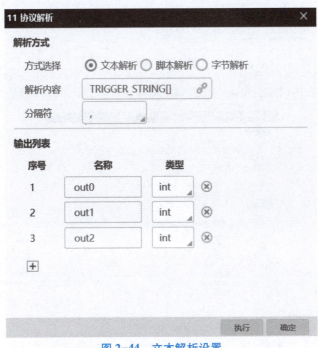

图 2-44　文本解析设置

结果输出如图 2-45 所示。

图像	模块结果		
参数名称	当前结果		全局变量
模块状态	1		
out0	1		
out1	123		
out2	234		

图 2-45　结果输出

（2）脚本解析

用户也可以通过 Python 脚本自定义解析逻辑，自行编译脚本并保存为后缀名为 py 的文件，在软件安装路径 \Module（sp）\x64 \Communication \DataAnalysisModule 下有脚本示例，如图 2-46 所示。

```python
# 数据解析脚本文件示例
import struct

def getOutputParam():
    """
    获取输出参数
    :return:返回输出参数字典，字典的key值为输出参数名称，大小不超过32个字符长度
            value值为类型，只支持string，int，float，三种类型
    示例：定义三个输出参数
    """
    params = {}
    params['outPut1'] = 'int'
    params['outPut2'] = 'float'
    params['outPut3'] = 'string'
    return params


def handleMessage(info):
    '''
    处理数据函数
    : param info:十六进制字符串
    : return: 输出参数字典，key为getOutputParam函数中定义过的参数名称，value为具体值
    注：传入的参数为两个int二进制:00 00 00 64 00 00 00 64
    '''
    #将十六进制字符串转成十六进制
    info = bytearray.fromhex(info)
    params = {}
    outData = struct.unpack('>ii',info)
    params['outPut1'] = outData[0]
    params['outPut2'] = outData[1]
    return params
```

图 2-46　脚本

编辑完脚本，在协议解析模块中加载脚本文件即可解析文本，如图 2-47 所示。

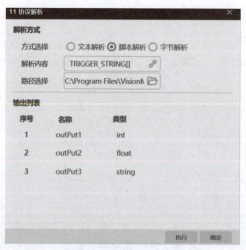

图 2-47　脚本解析设置

例如格式化结果是"0000006400000005"，通过脚本可将其解析成十进制数据 100 和 5，如图 2-48 所示。需要注意输出的变量名、类型、个数都需要在脚本里定义。

图 2-48　模块结果

（3）字节解析

通过字节解析可以将订阅的数据进行解析。订阅内容可以是十六进制数据也可以是字符串相关数据。若是字符串，则需启用十六进制转换功能，将订阅的数据源转换为十六进制数据再进行解析；若是十六进制数据，则无须启用十六进制转换。

通过输出列表可新增或删除需要输出的参数，并对参数类型、起止位置、顺序进行设置，如图 2-49 所示。

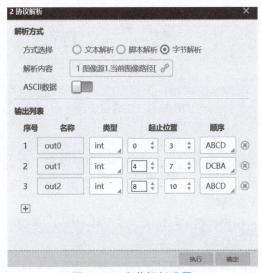

图 2-49　字节解析设置

例如十六进制组装数据为 00 00 00 64 33 33 13 40 61 62 63 时，解析后的结果如图 2-50 所示。

图 2-50　解析结果

4. 格式化

格式化工具可以把数据整合并格式化成字符串输出，它既可以链接前面模块的结果输出，也可以直接在框内输入字符，在进行通信输出前通常用格式化工具将数据进行整理，如图 2-51 所示。

图 2-51　格式化设置

5. 全局触发

全局触发是指在 VisionMaster 系统中，通过特定的触发条件或信号来启动或执行一系列预设的机器视觉处理流程。它允许用户根据实际需求，灵活设置触发条件，以实现自动化、智能化的图像采集、分析和处理。

（1）触发条件设置：用户根据实际需求，在 VisionMaster 系统中设置触发条件，如时间间隔、外部信号输入等。

（2）触发信号接收：当满足触发条件时，VisionMaster 系统会接收到触发信号。

（3）流程执行：接收到触发信号后，VisionMaster 系统会启动或执行预设的机器视觉处理流程，包括图像采集、图像处理、特征提取、图像识别等步骤。

（4）结果输出：处理流程完成后，VisionMaster 系统会输出处理结果，如目标识别结果、测量数据等。

三、机器视觉通信连接流程图

机器视觉通信连接流程图如图 2-52 所示。

图 2-52　机器视觉通信连接流程图

工作任务——机器视觉软件的通信连接

任务要求

完成机器视觉软件 VisionMaster 与通信助手的通信连接，实现触发信号和检测数据的传输。通信助手软件通过 TCP 服务端发送触发信号（"K1"）信号给 VisionMaster，VisionMaster 接收到触发信号（"K1"）后触发拍照并识别图像中的小方块数量数据，然后将数据发送回通信助手。

任务实施

1）准备好 VisionMaster 软件、机器视觉系统硬件或模拟通信助手软件（用于模拟通信连接学习）。

2）添加通信设备。

在通信管理界面中，选择"添加设备"，根据实际连接的外部设备类型（如 PLC、机器人等），选择相应的通信协议（如 MODBUS、TCP/IP 等），输入设备的 IP 地址、端口号等必要信息。

本任务选择"TCP 服务端"，输入设备的 IP 地址与端口号，与模拟通信助手中的 IP 地址及端口号一致，如图 2-53、图 2-54 所示。

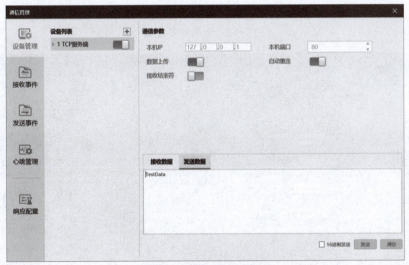

图 2-53　添加通信设备 1

3）全局触发设置。

打开"全局触发"设置界面，选择"字符串触发"，并将"触发字符"设置为任务要求的触发信号"K1"，在"触发配置"中选择"流程 1"，"流程 1"为本次任务的运行程序，如图 2-55 所示。

4）搭建视觉检测系统。

搭建好一个机器视觉数量检测系统，并连接好相机，对能够满足所拍摄图像中的方块数量进行统计，如图 2-56 所示。

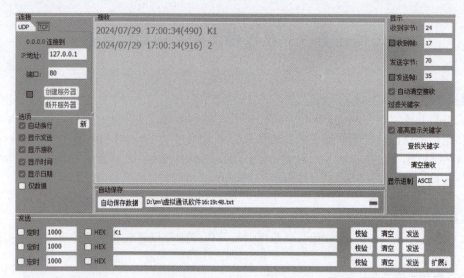

图 2-54 添加通信设备 2

图 2-55 全局触发设置

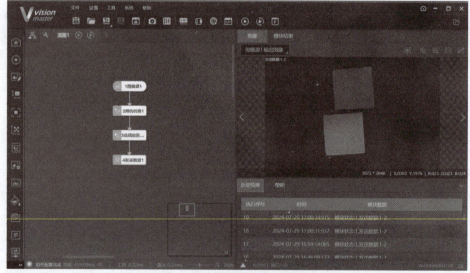

图 2-56 搭建视觉检测系统

5）发送数据设置。

在"4 发送数据"模块进行设置，在"输出至"中，选择"通信设备"，在"通信设备"中，选择"TCP 服务端"，将"发送数据 1"设置为"3 高精度匹配 1. 匹配个数"，如图 2-57 所示。

图 2-57 发送数据设置

6）测试通信连接情况。

在模拟通信助手端，发送信号"Count1"，如果通信连接成功，将收到拍摄图像的计数数据，如图 2-58 所示，接收到方块的数量为"2"。

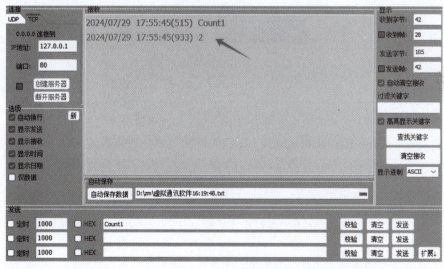

图 2-58 测试通信连接情况

7）完成通信设置。

确认所有通信参数和事件配置无误后，单击"保存"或类似按钮，完成通信设置。

 拓展任务

在 VisionMaster 中建立 MODBUS 通信，完成与模拟通信助手的通信，当接收信号值为 1 时，触发流程 1 步骤，当接收信号值为 2 时，触发流程 2 步骤，触发程序完成后的值发送给 PLC，流程 1 步骤发送值为 OK，流程 2 步骤发送值为 NG，接受值需在模拟通信助手上显示。

项目三　机器视觉系统标定

项目描述

机器视觉系统通过模拟人眼功能，利用图像采集设备（如相机）捕捉目标物体的图像，并通过图像处理算法提取有用信息，进而实现检测、测量、识别、定位等复杂功能。然而，由于相机镜头畸变、安装位置偏差、环境光照变化等因素，直接获取的图像往往难以直接用于精确计算。因此，系统标定成为连接物理世界与数字图像世界的重要桥梁，它通过一系列精确的数学模型与实验，校正这些误差，提高视觉系统的测量精度和可靠性。

在机器视觉技术的广泛应用中，系统标定是确保视觉系统能够精确、可靠地执行其任务的关键步骤。本项目将深入探讨机器视觉系统标定的核心环节，包括标定板标定与手眼标定等，旨在为读者提供一个全面而系统的理解框架，以便在实际应用中有效实施和优化标定过程。

任务一　标定板标定

任务引入

在机器视觉系统中，精确的标定是确保系统性能和测量准确性的关键步骤。标定板标定是一种常用的方法，用于校正相机镜头，以消除畸变并提高图像质量。VisionMaster 软件作为一款强大的机器视觉工具，提供了便捷的标定板标定功能。本任务将引导你了解并使用 VisionMaster 软件进行标定板标定，以确保你的机器视觉系统达到最佳性能。

学习目标

【知识目标】

（1）理解相机标定的基本概念和原理，包括标定板标定的基本流程；

（2）掌握相机内外参数的含义及其对标定精度的影响；

（3）了解不同类型的标定板（如棋盘格标定板）及其使用方法；

（4）知晓标定过程中可能出现的误差来源及减少误差的方法。

【能力目标】

（1）能够独立进行标定实验，包括实验准备、数据采集和处理；

（2）能够运用标定软件或工具进行相机标定，并正确解读标定结果；

（3）具备分析和解决标定过程中遇到问题的能力，如调整标定参数以提高标定精度；

（4）能够将标定结果应用于实际的机器视觉或机器人项目中。

【素养目标】

（1）培养学生严谨的科学态度和实验精神，注重实验数据的准确性和可靠性；

（2）提升学生的自主学习和探究能力，鼓励其在掌握基础技能后进行更深入的学习和研究；

（3）增强学生的创新意识和实践能力，使其能够在遇到实际问题时灵活运用所学知识；

（4）培养学生的团队协作和沟通能力，以便在未来的工作和学习中更好地与他人合作。

预备知识

一、相机标定的目的

1）相机标定是为了得到空间点与像素坐标的转换关系：根据相机成像模型，由特征点在图像中的坐标与世界坐标的对应关系，求解相机模型的参数，如图3-1所示。

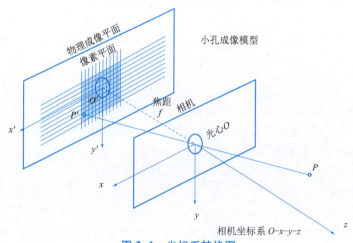

图3-1　坐标系转换图

2）获取内参和外参：相机的内参包括焦距、主点坐标等，描述了相机的内部属性；外参包括旋转矩阵和平移向量，描述了相机在世界坐标系中的位置和姿态。

3）校正透镜畸变：由于透镜的制造工艺（如球面透镜），会使成像产生多种形式的畸变，通过标定可以计算畸变系数来校正这些像差。

二、相机标定的坐标系定义

在相机标定过程中，需要定义四大坐标系，如图3-2所示。

1）世界坐标系（World Coordinate System）：用户定义的三维世界的坐标系，用于描述目标物在真实世界里的位置。坐标表示为 (x_w, y_w, z_w)，单位为米（m）。

2）相机坐标系（Camera Coordinate System）：在相机上建立的坐标系，用于从相机的角度描述物体位置。坐标表示为 (x_c, y_c, z_c)，单位为米（m）。相机坐标系的 Z 轴与光轴重合，且垂直于图像坐标系平面并通过其原点。

3）图像物理坐标系（Image Coordinate System）：也称为像平面坐标系，用于描述成像过程中物体从相机坐标系到图像坐标系的投影透射关系。坐标表示为 (x, y)，单位为米（m）。

4）图像像素坐标系（Pixel Coordinate System）：用于描述物体成像后的像点在数字图像上的坐标。坐标表示为（u, v），单位为像素（pixels）。

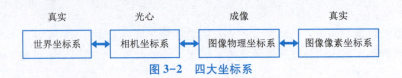

图 3-2　四大坐标系

三、相机标定的过程

相机标定的过程可以概括为从世界坐标系到相机坐标系，再到图像坐标系，最后到像素坐标系的转换过程。

1）世界坐标系到相机坐标系的转换：这是一个三维点到三维点的转换过程，可以通过旋转矩阵 R 和平移向量 $\boldsymbol{T}$ 来实现。转换关系可以表示为：

$$\begin{bmatrix} x_c \\ y_c \\ z_e \\ 1 \end{bmatrix} = \begin{bmatrix} R & \boldsymbol{T} \\ 0^T & 1 \end{bmatrix} = \begin{bmatrix} x_w \\ y_w \\ z_w \\ 1 \end{bmatrix}$$

其中，R 和 $\boldsymbol{T}$ 共同构成了相机的外参矩阵。

2）相机坐标系到图像坐标系的转换：这是一个三维点到二维点的转换过程，通常使用小孔成像模型来描述。转换关系可以表示为：

$$x = f\frac{x_c}{z_c}, \quad y = f\frac{y_c}{z_c}$$

其中，f 是相机的焦距。

3）图像坐标系到像素坐标系的转换：由于定义的像素坐标系原点与图像坐标系原点不重合，且像素坐标系中的单位是 px 而非 m，因此需要进行额外的转换。转换关系可以表示为：

$$u = \frac{x}{d_x} + u_0, \quad v = \frac{y}{d_y} + v_0$$

其中，（u_0, v_0）是图像坐标系原点在像素坐标系下的坐标，d_x 和 d_y 分别是每个像素在图像坐标系 x 轴和 y 轴方向上的物理尺寸。

四、标定板类型

标定板一般有棋盘格标定板和实心圆阵列图案标定板，如图 3-3、图 3-4 所示。

（1）棋盘格标定板

这是最常见的一种标定板类型，由黑白相间的格子组成，类似于国际象棋棋盘。它通过角点检测来建立图像坐标系与世界坐标系之间的关系。

（2）圆形标定板

由一系列圆形标记组成，这些圆形可以是实心圆、空心圆或带有特定图案的圆。圆形标定板在某些情况下可能比棋盘格标定板更适合，因为它们对图像旋转和缩放的变化不太敏感。

图 3-3 棋盘格标定板

图 3-4 实心圆阵列图案标定板

（3）海康Ⅰ和Ⅱ型标定板

这类标定板除了具有传统棋盘格的特点外，还带有二维码坐标信息。它提供了更高的精度和灵活性，适用于需要更高精度定位或异轴移动相机定位的场景。海康Ⅱ型标定板如图 3-5 所示。

图 3-5 海康Ⅱ型标定板

四、VisionMaster 标定板参数设置

1）原点（X）、原点（Y）：该原点为物理坐标的原点，可以设置原点的坐标，即图中 X 轴和 Y 轴原点的位置；

2）旋转角度：标定板的旋转角度；

3）坐标系模式：选择左手坐标系或右手坐标系；

4）物理尺寸：棋盘格每个黑白格的边长或圆板两个相邻圆心的圆心距，单位是 mm；

5）标定板类型：分为棋盘格标定板、圆标定板、海康标定板Ⅰ、海康标定板Ⅱ；

6）自由度：分为缩放、旋转、纵横比、倾斜、平移及透射，缩放、旋转、纵横比、倾斜和平移，缩放、旋转及平移 3 种，3 种参数设置分别对应"透视变换""仿射变换"和"相似性变换"；

7）中值滤波状态：提取角点之前是否执行中值滤波，有"执行滤波"与"无滤波"两种模式，建议使用默认值。

图 3-6 所示为标定板参数设置。

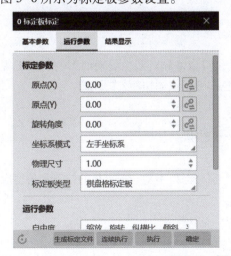
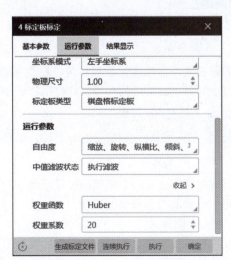

图 3-6 标定板参数设置

五、相机标定板标定流程图

相机标定板标定流程图如图 3-7 所示。

图 3-7　相机标定板标定流程图

工作任务——使用标定板进行相机标定

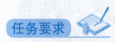

根据图 3-8 所示的棋盘格标定板（25 mm），完成工业视觉系统的相机标定。

图 3-8　棋盘格标定板

任务实施

步骤 1：前期准备

1. 环境准备

确保标定环境光线充足且均匀，避免阴影和明暗差异对图像处理的影响。对于特殊应用，可能需要创建特定的环境，如使用特定颜色的背景或添加额外的光源。

2. 标定板选择

选择一个已知尺寸和特征的标定板，如棋盘格或圆点标定板。

3. 标定板安装

将标定板固定在一个稳定的位置，确保其平整并保持不动。标定板的位置和角度应与实际应用中目标的位置和角度相符。

步骤 2：图像采集

使用相机拍摄包含棋盘格标定板的场景图片。确保在图像采集过程中覆盖整个标定板，并尽量使标定板处于中心位置。

步骤3：图像处理与特征点提取

图像预处理：

对采集到的图像进行预处理，如灰度化、滤波等，以改善图像质量，便于后续处理。

特征点检测：

使用 VisionMaster 的特征点提取工具，自动提取标定板图像中的特征点。这些特征点通常是棋盘格的角点。

VisionMaster 支持多种特征点检测算法，如 SIFT、SURF 和 ORB 等，可以根据实际情况选择合适的算法。

软件操作：

添加图像源，然后添加标定板标定模块。

步骤4：标定参数计算

通过处理提取的特征点，计算出 VisionMaster 系统的标定参数。这些参数包括相机内参（如焦距、主点和畸变参数）和相机外参（如相机的位置和朝向）。

软件操作：

双击"标定板标定"进行参数设置，在"运行参数"中的"物理尺寸"填入数字 25，即标定板每个格子的边长尺寸，其他参数保持默认，如图 3-9 所示。

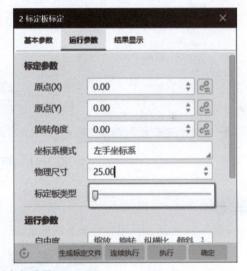

图 3-9　参数设置

单击"执行"按钮，图像显示区域出现绿色的文字，结果显示区域出现结果，如图 3-10 所示。

步骤5：标定结果验证与优化

对标定结果进行验证，以确保其正确性和可靠性。

VisionMaster 提供了一些验证方法，如计算标定图像的误差、比较标定前后图像的变换等。

步骤6：保存标定参数

单击运行参数的"生成标定文件"按钮保存标定文件，将计算得到的标定参数保存在 VisionMaster 的配置文件中，以便将来的应用或后续的标定使用，如图 3-11 所示。

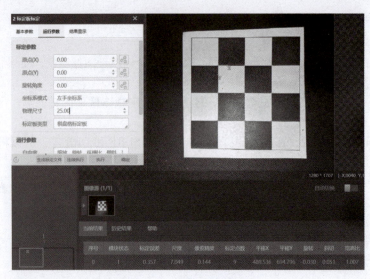

图 3-10　标准板标定结果

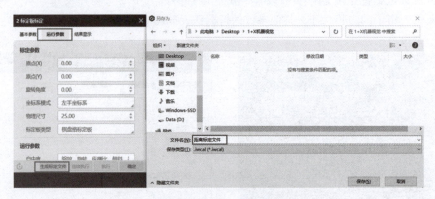

图 3-11　保存标定参数

拓展任务

如图 3-12 所示，利用海康类Ⅱ型标定板，完成相机标定操作。

图 3-12　海康类Ⅱ型标定板

任务二　手眼标定

任务引入

在机器视觉与机器人集成的系统中，手眼标定是确保机器人精确操作和视觉引导的关键步骤。它旨在确定相机与机器人末端执行器之间的相对位置和姿态关系，从而实现视觉信息的准确转换和应用。手眼标定主要解决的是相机（视觉系统）与机器人末端执行器（如机械手）之间的相对位置和姿态关系问题。通过标定，可以确保机器人能够准确地理解视觉系统提供的物体位置信息，并据此进行精确的操作。本任务将详细介绍手眼标定的基本原理以及操作流程。

学习目标

【知识目标】

（1）深入理解手眼标定的基本概念和原理；

（2）掌握相机内、外参数的含义，以及它们在手眼标定精度中的关键作用；

（3）熟悉不同类型的标定板及其在手眼标定中的使用方法；

（4）了解手眼标定过程中可能遇到的误差来源，并掌握减少这些误差的有效方法。

【能力目标】

（1）能够独立进行手眼标定实验，包括实验准备、数据采集、特征点提取和标定计算；

（2）熟练运用 VisionMaster 或其他相关标定软件进行手眼标定，并能正确解读和分析标定结果；

（3）具备解决手眼标定过程中遇到问题的能力，如通过调整标定参数来提高标定精度；

（4）能够将手眼标定结果应用于实际的机器视觉或机器人项目中，确保系统的精确性和稳定性。

【素养目标】

（1）培养学生的严谨科学态度和实验精神，注重手眼标定数据的准确性和可靠性；

（2）提升学生的自主学习和探究能力，鼓励其在掌握基础手眼标定技能后进行更深入的学习和研究；

（3）增强学生的创新意识和实践能力，使其能够在遇到实际问题时灵活运用所学知识进行手眼标定；

（4）培养学生的团队协作和沟通能力，以便在未来的工作和学习中更好地与他人合作完成手眼标定任务。

预备知识

一、手眼标定的类型

（1）眼在手外（Eye-To-Hand）

摄像机与机械臂分离，摄像机固定在一个位置，机械臂在其工作范围内移动。

标定目标是确定相机坐标系与基础坐标系之间的变换矩阵，以及机械臂末端坐标系与基础坐标系之间的变换矩阵。

通过移动机械臂使标定板进入相机视野，并拍摄多组照片来求解这些变换矩阵。

（2）眼在手上（Eye-In-Hand）

摄像机安装在机械臂的末端，随机械臂一起移动。

标定目标是确定相机坐标系与机械臂末端坐标系之间的变换矩阵。

通过移动机械臂使标定板进入相机视野，并在不同位姿下拍摄多组照片来求解变换矩阵。

手眼标定的类型如图 3-13 所示。

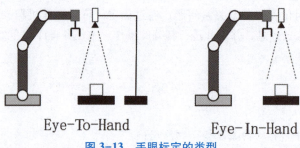

Eye-To-Hand   Eye-In-Hand

图 3-13　手眼标定的类型

二、手眼标定相关坐标系

手眼标定的基本原理涉及多个坐标系的转换。这些坐标系包括：

基础坐标系（Base）：代表机械臂的底座，可以认为是世界坐标系。

机械臂末端坐标系（End 或 Gripper）：代表机械臂的末端执行器，即机械手的位置和姿态。

相机坐标系（Camera）：代表相机的位置和姿态，相机通过拍摄图像来获取物体的视觉信息。

标定物坐标系（Object 或 Target）：代表标定板的位置，标定板通常用于提供已知的空间位置信息，以便进行标定计算。

三、N 点标定介绍及基本参数

N 点标定主要用于生成一个标定文件，该文件用于将图像中的像素坐标转换为机器人能够理解和操作的物理坐标。通过人为选择或自动检测多个标定点（N 个点，通常 N 大于 4，常用的是 9 点或 16 点），记录这些点在图像中的像素坐标和机器人末端执行器到达这些点时的物理坐标，然后计算转换矩阵。软件中的 N 点标定位置如图 3-14 所示。

9 点标定：实现原理就是用机器人的机器人末端依照 9 个标定点的标定顺序动作，得到这 9 个点在机器臂坐标系中的坐标，同时利用相机拍摄识别得到这 9 个点的像素坐标，通过已经建立好的相机模型坐标转换，经过矩阵变换得到这 9 个点的对应坐标。

软件中的基本参数要求，如图 3-15、图 3-16 所示。

图 3-14　N 点标定位置

1）标定点获取：选择触发获取或手动输入，通常选择触发获取。当选择手动输入时支持"N点标定"模块单独运行。

2）标定点输入：选择按点或按坐标输入。

3）图像点：N点标定的标定点，通常直接链接特征匹配里面的特征点。

4）平移次数：平移获取标定点的次数，只针对 x/y 方向的平移，一般设置成9点。

5）旋转次数：旋转轴与图像中心不共轴时需设置旋转次数，一般设置成3次，且旋转是在第5个点的位置进行。

6）更新文件：一轮标定完成后，如果开启了更新文件控件，新一轮标定会将标定结果更新到标定文件中。

7）标定文件路径：标定文件的绝对路径，该路径下如果存在文件就直接加载，如不存在则加载失败，运行时报错。

8）使用相对坐标：默认关闭状态，使能后可配置标定原点大小。

9）相机模式：

①相机静止上相机位：相机固定不动，且在拍摄工件上方。

②相机静止下相机位：相机固定不动，且在拍摄工件下方。

③相机运动：相机随机器人运动。

10）自由度：有缩放、旋转、纵横比、倾斜、平移及透射，缩放、旋转、纵横比、倾斜和平移，缩放、旋转及平移这3种，3种参数分别对应"透视变换""仿射变换"和"相似性变换"。

11）权重函数：可选最小二乘法、Huber、Tukey 和 Ransac 算法函数。建议使用默认参数设置。

12）权重系数：选择 Tukey 或 Huber 权重函数时的参数设置项，权重系数为对应方法的削波因子，建议使用默认值。

图 3-15　N 点标定基本参数（1）

图 3-16　N 点标定基本参数（2）

四、手眼标定操作流程图

手眼标定操作流程图如图 3-17 所示。

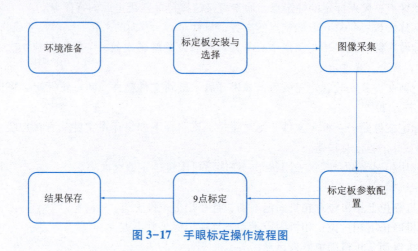

图 3-17　手眼标定操作流程图

工作任务——工业机器人手眼标定

利用图 3-8 所示的 25mm 棋盘格标定板，采用 N 点标定法，在眼在手外（Eye-To-Hand）类型下，完成机器视觉系统的手眼标定。

步骤 1：准备工作

1）硬件准备：确保机器人、相机、标定板（通常为具有明显特征点的棋盘格或圆点板）等硬件设备准备就绪。

2）软件设置：启动 VisionMaster 软件或其他相关的机器人视觉软件，确保软件能够正常与机器人和相机通信。

3）标定板放置：将标定板放置在机器人工作空间内的合适位置，确保相机能够清晰拍摄到标定板上的所有特征点。

步骤 2：标定软件操作

1）将"采集"工具栏中的"图像源"模块拖动到流程编辑区，并进行参数设置和图像采集；

2）将"标定"工具栏中的"标定板标定"模块拖动到流程编辑区，与"图像源"相连，双击"标定板标定"进行参数设置，在"运行参数"中的"物理尺寸"处填入数字25，即标定板每个格子的边长尺寸，其他参数保持默认，如图 3-18 所示。

3）单击"执行"按钮，图像显示区域出现绿色的文字，结果显示区域出现结果，如图 3-19 所示。

学习笔记

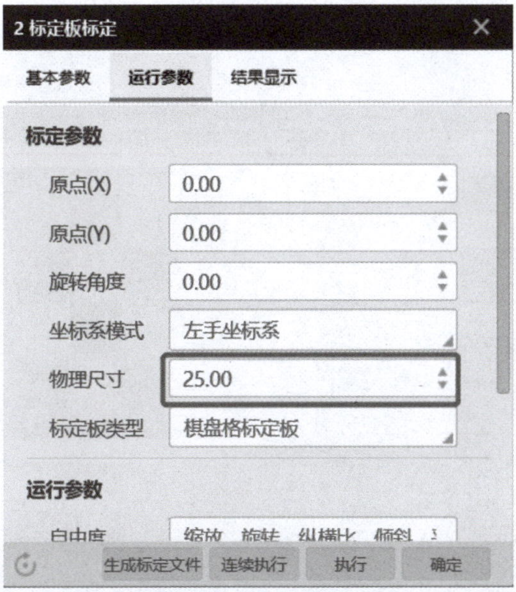

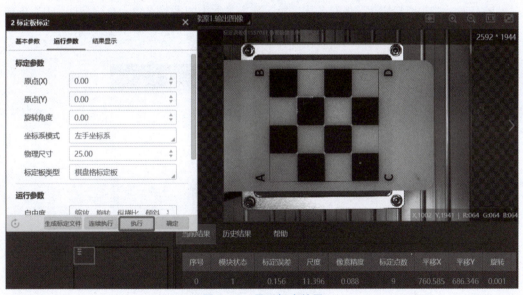

图 3-18　标定板标定

图 3-19　显示标定结果

4）将“N 点标定”模块拖动到流程编辑区，与“标定板标定”连接。相连之后，单击“执行”按钮，在图像显示区域，会显示 9 点标定的标定点及其标定顺序，如图 3-20 所示。

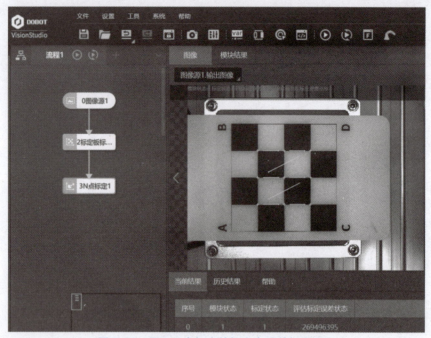

图 3-20   显示 9 点标定的标定点及其标定顺序

5）双击"3N 点标定 1"进行参数设置。基本参数中的平移次数，系统默认为 9。单击"旋转次数"右侧的"✎"图标，就可以编辑标定点，如图 3-21、图 3-22 所示。

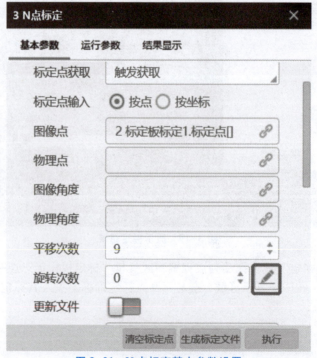

图 3-21   N 点标定基本参数设置

图 3-22　编辑标定点界面

步骤 3：机器人移动记录

1）安装标定针：在机器人末端装夹标定针；

2）控制机器人移动：根据 9 个标定点的标定顺序，控制机器人按照 9 个标定点的标定顺序进行移动，到达各个标定点，如图 3-23 所示；

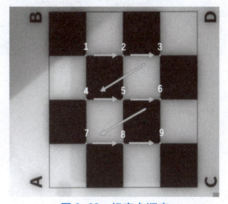

图 3-23　标定点顺序

3）记录机器人物理坐标：读取 9 个点位的物理坐标 X 和 Y 的值，填入 VisionMaster 软件中的"编辑标定点"的格子中，如图 3-24 所示。

图 3-24　VisionMaster 软件的"编辑标定点"

步骤4：标定计算与结果保存

1）关闭"编辑标定点"对话框，返回N点标定基本参数界面，先单击"执行"按钮，再单击"生成标定文件"按钮；

2）保存标定文件：将标定结果保存为标定文件，以便在后续的任务中使用。

 拓展任务

如图3-25所示，利用25 mm棋盘格标定板，采用4点标定法完成手眼系统的标定，并正确导出标定文件并保存。

图 3-25　25mm 标定板

项目四　机器视觉系统测量应用

项目描述

随着工业自动化和智能制造的快速发展，对产品质量和生产效率的要求越来越高。传统的测量方法，如人工使用千分尺、游标卡尺等，存在测量精度低、速度慢、易出错等问题，已难以满足大规模自动化生产的需要。基于机器视觉的工件尺寸测量，具有精度高、成本低、效率高的优点，目前广泛应用于自动化加工行业。

机器视觉系统通过利用计算机视觉和图像处理技术，模拟人类视觉功能，对物体进行非接触式的测量和检测。这些系统能够自动获取目标物体的图像信息，并经过处理后提取出关键特征，如尺寸、形状、位置等，进而实现精确的测量和判断。

本项目将详细介绍不同类型的机器视觉测量工具及其应用，帮助读者了解并掌握这些工具的使用方法。具体内容分两个任务进行学习，分别为军刀卡尺寸测量和机械工件角度测量。通过这两个任务，读者可以掌握机器视觉测量工具的使用，完成相关的测量任务，并在实际应用中提高测量效率和精度。

任务一　军刀卡尺寸测量

任务引入

以军刀卡尺寸测量为例，利用机器视觉系统，检测军刀卡的尺寸（圆半径、圆心离边距离、边长等）进行测量，快速、准确地获取军刀卡的各项尺寸参数，并判断工件是否为合格件。

学习目标

【知识目标】

（1）理解机器视觉系统在工业测量中的应用原理和优势；

（2）学习图像处理和边缘检测等算法在尺寸测量中的应用方法。

【能力目标】

（1）能够独立配置和操作机器视觉系统进行工件尺寸测量；

（2）具备使用机器视觉软件进行边缘检测和尺寸计算的能力，准确测量工件的各项尺寸参数。

【素养目标】

（1）提升自主学习和探究能力，鼓励在掌握基础技能后进行更深入的研究和应用；

（2）培养团队协作和沟通能力，能够在团队中有效分享和应用机器视觉测量应用。

预备知识

一、直线查找

直线查找主要用于查找图像中具有某些特征的直线，利用已知特征点形成特征点集，然后拟合成直线，如图4-1和图4-2所示。

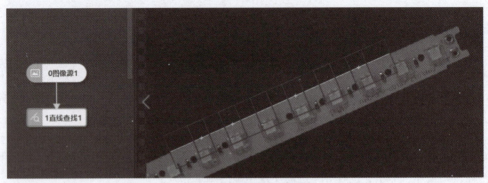

图4-1　直线查找示意图

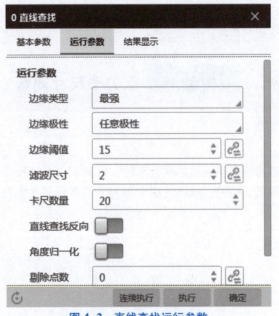

图4-2　直线查找运行参数

1）边缘类型：共有4种类型，分别为"最强""第一条""最后一条"和"接近中线"。

最强：是指查找梯度阈值最大的边缘点，然后拟合成直线；

第一条、最后一条、接近中线：是指查找满足条件的"第一条""最后一条""接近中线"的直线。

2）边缘极性：共有"黑到白""白到黑""任意极性"3种模式。

黑到白：指的是按照框取区域的箭头方向由黑色变为白色的分界线；

白到黑：指的是按照框取区域的箭头方向由白色变为黑色的分界线。

3）边缘阈值：即梯度阈值，范围为0~255，只有边缘梯度阈值大于该值的边缘点才会被检测到，数值越大，抗噪能力越强，得到的边缘点数量越少，甚至导致目标边缘点被筛除。

4）滤波尺寸：对噪点起到滤波作用，数值越大，抗噪能力越强，得到的边缘点数量越少，同时也可能导致目标边缘点被筛除。

5）卡尺数量：边缘点由多个卡尺卡出时，定义卡尺的数量。

6）直线查找反向：开启后可将直线起点和终点的位置信息互换。

7）角度归一化：开启后，输出的直线角度为−90°~90°；未开启时，输出的直线角度为−180°~180°。

8）剔除点数：误差过大而被排除不参与拟合的最小点数量。一般情况下，离群点越多，该值应设置得越大，为了获取更佳查找效果，建议与剔除距离结合使用。

二、圆查找

圆查找示意图如图4-3所示。圆查找参数设置如图4-4所示。

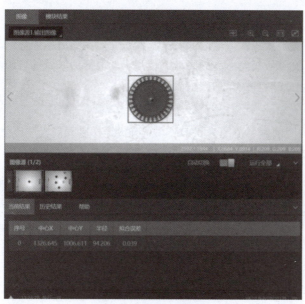

图4-3 圆查找示意图

1. 扇形半径

定义圆环ROI的内、外圆半径，用于限定查找圆的区域范围。

2. 边缘类型

共有3种类型，分别为"最强""最后一条"和"第一条"。

1）最强：只检测扫描范围内梯度最大的边缘点集合并拟合成圆。

2）最后一条：只检测扫描范围内与圆心距离最大的边缘点集合并拟合成圆。

图 4-4　圆查找参数设置

3）第一条：只检测扫描范围内与圆心距离最小的边缘点集合并拟合成圆。

3. 边缘极性

共有 3 种模式，分别为"从黑到白""从白到黑"和"任意极性"。

1）从黑到白：检测从灰度值低的区域过渡到灰度值高的区域的边缘。

2）从白到黑：检测从灰度值高的区域过渡到灰度值低的区域的边缘。

3）任意极性：上述两种边缘均被检测。

4. 边缘阈值

边缘阈值，即梯度阈值，范围为 0~255。只有边缘梯度阈值大于该值的边缘点才会被检测到。数值越大，抗噪能力越强，得到的边缘数量越少，但可能导致目标边缘点被筛除。

5. 滤波尺寸

滤波尺寸，用于增强边缘和抑制噪声，最小值为 1。当边缘模糊或有噪声干扰时，增大该值有助于使检测结果更加稳定。但如果边缘之间的距离小于滤波尺寸，反而会影响边缘位置的精度，甚至丢失边缘。该值需要根据实际情况设置。

6. 卡尺数量

定义用于扫描边缘点的 ROI 区域的数量，如图 4-5 所示。

图 4-5　卡尺数量展示

7. 剔除点数

指误差过大而被排除不参与拟合的最小点数量。一般情况下，离群点越多，该值应设置越大。为获取更佳查找效果，建议与剔除距离结合使用。

8. 初定位

若开启初定位，结合圆定位敏感度和下采样系数设置，圆初定位可以大致判定 ROI 区域内更接近圆的区域中心作为初始圆中心，便于后续精细圆查找。若关闭初定位，则默认 ROI 中心为初始圆中心。一般情况下，圆查找前一模块为位置修正，建议关闭初定位。

9. 剔除距离

允许离群点到拟合圆的最大像素距离，值越小，排除点越多。

10. 投影宽度

描述扫描边缘点查找 ROI 的区域宽度。在一定范围内增大该值可以获取更加稳定的边缘点。

11. 初始拟合

初始拟合：分为全局和局部两种方式。

全局：按照全局的特征点拟合圆，适用于特征点分布较均匀的情况。

局部：按照局部的特征点拟合圆，适用于局部特征更加准确反映圆所在位置的情况。

12. 拟合方式

共有三种，分别为最小二乘、huber 和 tukey。

1）最小二乘：适用于离群点较少的情况。

2）huber：在离群点数量增加时适用，具有更强的鲁棒性。

3）tukey：适用于离群点数量和离群距离较大的情况，提供更高的拟合精度。

三、测量工具

机器视觉软件中常用的测量工具共有 6 种类型，分别为"线圆测量""圆圆测量""点圆测量""点线测量""线线测量""点点测量"。这些工具各自用于不同的测量需求，提供精确的几何尺寸和距离测量，如图 4-6 所示。

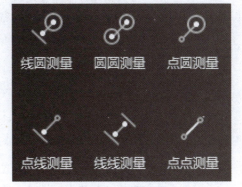

图 4-6　测量工具

1. 线圆测量

线圆测量模块返回的是被测物图像中的直线和圆的垂直距离以及相交点的坐标。这个工具用于确定直线和圆之间的关系，常用于检测物体的边缘与圆形特征之间的距离。

2. 圆圆测量

圆圆测量模块返回两个圆的圆心连线线段的长度。该工具用于测量两个圆心之间的直线距离，常用于比较和对齐圆形特征。

3. 点圆测量

点圆测量模块返回点到圆心连线线段的长度。这个工具用于测量一个特定点（如圆周上的一点）到圆心的距离，常用于验证圆形特征的半径。

4. 点线测量

点线测量即点到线的距离测量，是计算点到直线垂足之间的距离。该工具用于测量一个特定点到一条直线的垂直距离，常用于检查和验证点与线之间的位置关系。

5. 线线测量

线线测量计算两条直线之间的平均距离。由于两条直线通常不会完全平行，线线测量根据线段 4 个端点到另一条直线的距离来计算平均距离，常用于测量和验证两条线之间的间距。

6. 点点测量

点点测量用于测量被测物体上两个特征点之间的距离。这个工具常用于确定和验证物体上两个特定点之间的精确距离。

四、标定转换

在完成标定后，可通过标定转换模块，实现相机坐标系和机械臂世界坐标系之间的转换，具体是在标定转换中单击加载标定文件，选择标定时保存的标定文件路径加载。通过特征匹配模板查找工件在相机坐标系中的位置，加载已保存的标定文件，单击运行即可完成操作，输出标定转换后工件在机械臂世界坐标系的位置，如图 4-7 所示。

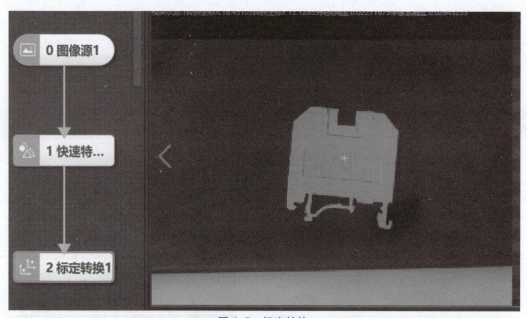

图 4-7　标定转换

通过外部通信，控制相机抓取图片，并利用特征模板等功能来实现被测工件图像像素坐标定位的功能。在标定转换模块中加载已生成的标定文件，把像素坐标装换为机械臂坐标输出，将机械臂坐标值通过格式化、外部通信告诉机械臂单元，完成控制机械臂的功能。

1. 坐标点输入

1）输入方式：选择按点或者按坐标的输入方式以及图像点的来源。

①输入方式选择按点时，需订阅坐标点。

②输入方式选择按坐标时，需订阅坐标 X/Y。

2）角度：需要物理转换的特征角度。

3）坐标类型：可选图像坐标和物理坐标。若选择图像坐标即为输入图像坐标、输出物理坐标；选择物理坐标时同理。

2. 标定文件

1）标定矩阵：可订阅标定文件中的标定矩阵。可有效统一标定数据源，防止更换标定数据时，全部手动更换一边。

2）加载标定文件：标定文件的绝对路径，该路径下若存在文件就加载，若不存在则加载失败，运行时报错。可加载 txt、iwcal 和 xml 格式的标定文件。

3）刷新信号：设置成 0 时不更新，设置成非 0 时更新。设置成非 0 时标定文件路径下文件有更新后，会自动根据更新后的标定文件进行转换。

3. 标定位位姿输入

1）输入方式：选择按点或者按坐标的输入方式以及图像点的来源。

①输入方式选择按点时，需订阅坐标点。

②输入方式选择按坐标时，需订阅坐标 X/Y。

2）关节 0/1 角度：需分别订阅标定位时关节 0 和关节 1 的角度信息。

4. 运行位位姿输入

输入方式：选择按点或者按坐标的输入方式以及图像点的来源。

①输入方式选择按点时，需订阅坐标点。

②输入方式选择按坐标时，需订阅坐标 X/Y。

5. 输出结果

1）转换坐标 X/Y：对输入坐标通过标定转换/逆转换后得到的坐标。

2）转换角度：对输入角度通过标定转换/逆转换后得到的角度。

3）单像素精度：单个像素对应的物理坐标系下的尺寸。

4）平移 X/Y：利用计算得到的标定矩阵，将世界坐标系原点映射到图像坐标系得到的坐标 X/Y。

5）旋转：世界坐标系相对于图像坐标系的旋转角度（单位为弧度）。当旋转 θ 为正值时，世界坐标系 X 轴沿逆时针方向旋转 θ 后，其 X 轴与图像坐标系 X 轴方向一致，当旋转 θ 为负值时，世界坐标系 X 轴沿顺时针方向旋转 $-\theta$ 后，其 X 轴与图像坐标系 X 轴方向一致。

6）尺度：世界坐标系中单位长度对应图像坐标系中的像素数。

7）斜切：世界坐标系的 Y 轴旋转角度与 X 轴旋转角度之差（单位为弧度）。

8）宽高比：世界坐标系的 Y 轴缩放量与 X 轴缩放量的比例。

四、单位转换

单位转换工具可转换距离、宽度等像素单位到物理单位，具体使用时只需要加载标定文件、设置需要转换的距离、订阅刷新信号、设置像素当量修正即可，如图 4-8、图 4-9 所示。像素当量修正参数可控制在原有的单像素精度结果基础上乘以订阅的数值。

1. 输出结果

1）模块状态：该模块当前运行状态。

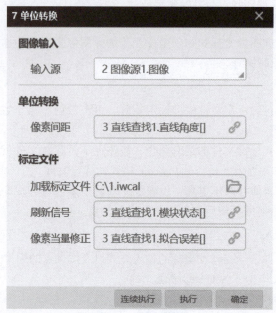

图 4-8　单位转换

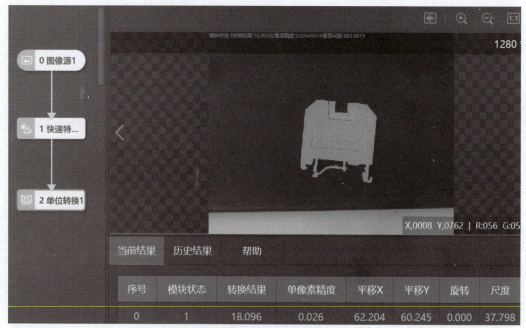

图 4-9　单位转换输出结果

2）转换结果：输入像素间距通过标定文件转换后的距离。

3）单像素精度：单个像素对应的物理坐标系下的尺寸。

4）平移 X/Y：利用计算得到的标定矩阵，将世界坐标系原点映射到图像坐标系得到的坐标 X/Y。

5）旋转：世界坐标系相对于图像坐标系的旋转角度（单位为弧度），当旋转 θ 为正值时，世界坐标系 X 轴沿逆时针方向旋转 θ 后，其 X 轴与图像坐标系 X 轴方向一致，当旋转 θ 为负值时，世界坐标系 X 轴沿顺时针方向旋转 $-\theta$ 后，其 X 轴与图像坐标系 X 轴方向一致。

6）尺度：世界坐标系中单位长度对应图像坐标系中的像素数。

7）斜切：世界坐标系的 Y 轴旋转角度与 X 轴旋转角度之差（单位为弧度）。

8）宽高比：世界坐标系的 Y 轴缩放量与 X 轴缩放量的比例。

矩形识别检测流程图如图 4-10 所示。

图 4-10　矩形识别检测流程图

工作任务——军刀卡尺寸测量

任务要求

利用机器视觉系统测量出军刀卡工件的尺寸，需测量军刀卡的两个圆的圆心位置及半径，并测量出最大的圆到右侧边缘的距离。军刀卡如图 4-11 所示。

图 4-11　军刀卡

任务实施

步骤 1：工业相机标定
通过工业相机标定，计算出精度误差值，并记录该数据的值。

步骤 2：高精度匹配
通过高精度匹配模块，识别军刀卡轮廓，移动与旋转军刀卡位置可清晰识别。

步骤 3：位置修正
根据高精度匹配结果中的匹配点和匹配框角度建立位置偏移的基准，然后再根据特征匹配结果中的运行点和基准点的相对位置偏移实现 ROI 检测框的坐标旋转偏移，也就是让

ROI 区域能够跟上图像角度和像素的变化，如图 4-12 所示。

图 4-12 位置修正

步骤 4：直线查找

根据继承选择图形中"灰度图像"的图片格式，设置"运行参数"中的"边缘类型"，选择"最强"的那条直线，"边缘极性"选择"从黑到白"，可以使检测出的直线位置更加准确，如图 4-13 所示。

图 4-13 棋盘格标定板

步骤 5：圆查找

根据继承选择图形中"灰度图像"的图片格式，设置"运行参数"中的"边缘类型"，选择"最强"的圆形，"边缘极性"选择"从白到黑"，可以使检测出的圆形位置更加准确。

步骤 6：点线测量

根据任务要求，需测量大圆的圆心到直线的垂直距离，在"点输入"下的"点"中选择"3 圆查找 1. 圆心"，在"线输入"下的"线"中选择"4 直线查找 1. 输出直线"，如图 4-14 所示。

执行点线测量即可测量出直线到大圆圆心的距离，如图 4-15 所示。

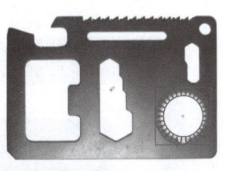

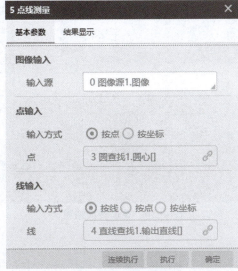

图 4-14　点线测量

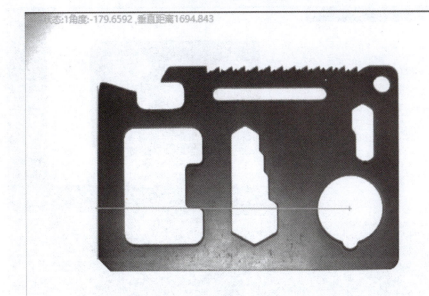

图 4-15　测量出直线到大圆圆心的距离

步骤 7：单位转换

通过标定创建的标定文件，与测量出的 3 个数值进行计算，结果如图 4-16 所示。

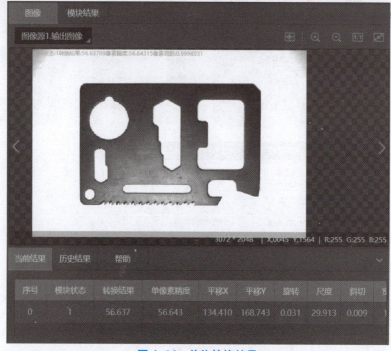

图 4-16　单位转换结果

步骤八　标定转换

根据任务要求，还需得出圆心坐标，通过标定转换模块对圆的圆心进行标定转换，如图 4-17 所示。

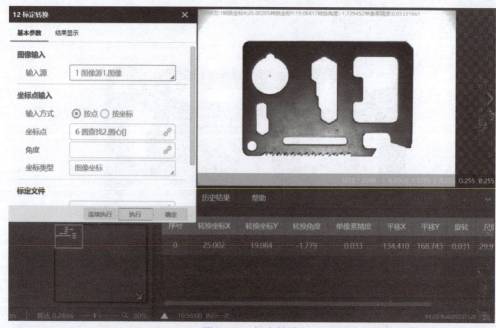

图 4-17　标定转换

完整任务程序如图 4-18 所示。

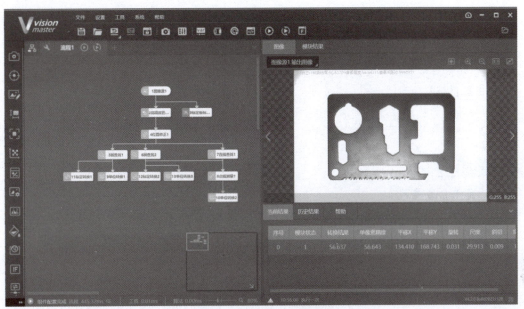

图 4-18　完整任务程序

 拓展任务

任务要求：

测量如图 4-19 所示的小方块，小方块在随机摆放位置的情况下，测量小方块 4 条边的数据和任意一条边线到中心点之间的距离。

图 4-19　小方块

任务二　机械工件角度测量

任务引入

使用 VisionMaster 软件对特定对象或场景中的角度进行测量，以获取准确的角度值，调整图像的亮度、对比度等参数，以突出待测角度的特征，本任务以连接板为测量对象，测量出连接板的垂直角度与锐角度数。

【知识目标】

了解机器视觉软件测量角度工具指令模块设置。

【能力目标】

可以在机器视觉软件中识别出连接板的基本角度。

【素养目标】

（1）培养学生精益求精的工作精神。

（2）提高学生爱国、敬业的思想品德。

预备知识

1. 角平分线查找

1）在定位中打开角平分线查找，如图4-20、图4-21所示。

图4-20　角平分线查找图标

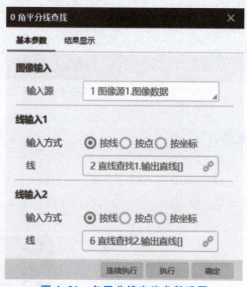

图4-21　角平分线查找参数设置

2）输入源处下拉选择图像数据源。

3）分别订阅线1和线2的输入源。线的输入源有3种，分别为按线、按点和按坐标。

按线：直接从前序模块的模块结果中订阅一条线。

按点：需从前序模块的模块结果中分别订阅两个点作为线的起点和终点。

按坐标：需从前序模块的模块结果中分别订阅4个坐标作为起点和终点的 X、Y 坐标。

选择一种方式订阅数据源后，切换为其他两种方式时，模块会自动得到其他方式的对应数据源。

4）切换到模块的结果显示选项卡，对图像显示中的具体模块、颜色和透明度等进行设置。

5）单击执行或连续执行可查看运行结果，如图4-22所示。

2. 工作流程

工作流程如图4-23所示。

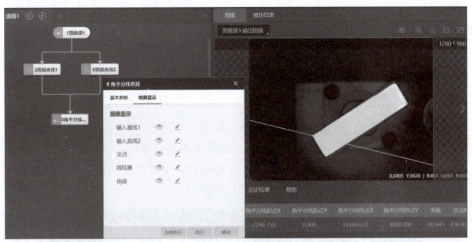

图 4-22　运行结果

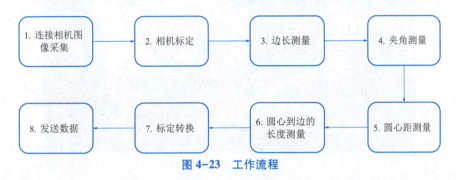

图 4-23　工作流程

工作任务——测量机械工件

任务要求

　　要求采用机器视觉系统测量不锈钢机械工件的尺寸，根据测量的尺寸判断是否为合格工件。机械工件如图 4-24 所示，a、b、c、d、e 为机械工件四周角度，f、g 为测量大圆与小圆的半径，h 为测量大圆圆心到小圆圆心距离，i 为小圆圆心到上方边缘垂直距离。

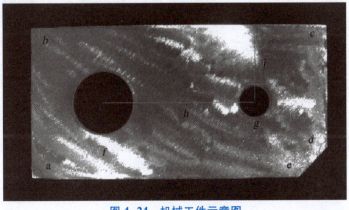

图 4-24　机械工件示意图

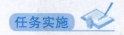 任务实施

步骤1：准备工作

1. 放置设备

将设备放置在平稳的桌面上，确保设备不会晃动或倾斜，以保证测量的准确性。

2. 反光处理

本次任务处理的物件为不锈钢的连接板，相机采集的曝光率与光源的灯光大大影响了采集清晰度，迫使连接板表面反光，通过 VisionMaster 软件调节相机曝光率，调整光源亮度与光源方向，减少高光部分的反射，如图4-25所示。

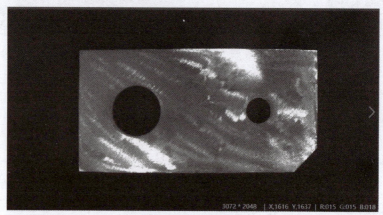

图4-25　反光处理

步骤2：软件操作

1. 标定板标定

通过棋盘格标定板标定，设置"标定板标定"模块参数，保存标定文件，如图4-26所示。

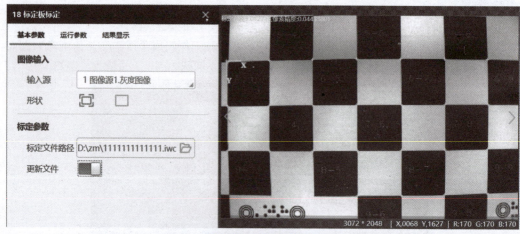

图4-26　标定板标定

2. 高精度匹配

提取工具位置特征点，工具所提取的特征点确定工具中心点坐标与偏移角度。

3. 位置修正

根据输入图像和模板图像之间的位置差异生成位置修正信息，并创建基准点，修正目标运动偏移、辅助精准定位。

4. 直线查找

在 VisionMaster 软件中，直线查找功能确实经常被用作测量角度的基准线。这一功能的主要目的是在图像中识别和定位具有特定特征的直线，这些直线随后可以用作测量、定位或分析其他图像元素的基准，根据需要测量的角度所在的直线进行查找，如图 4-27 所示。

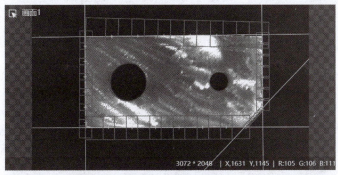

图 4-27　直线查找

5. 线线测量

使用线线测量工具对找到的直线段进行测量。线线测量通常按照线段 4 个端点到另一条直线的距离取平均值来计算距离，测量结果包括两条线的夹角、距离和交点坐标等信息，如图 4-28 所示。

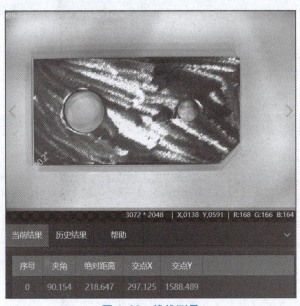

图 4-28　线线测量

6. 圆查找

绘制大圆与小圆的识别范围，采集大圆与小圆的轮廓点，测量角度与圆心位置，如图 4-29 所示。

图 4-29　圆查找

7. 距离测量

（1）点到点测量

选择第一个点为大圆圆心位置，第二个点为小圆圆心位置，执行点到点测量模块，可测量出两圆圆心距离，如图 4-30 所示。

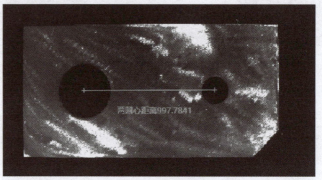

图 4-30　点到点测量

（2）点到线测量

使用查找的直线坐标与圆心坐标来定位图像中的原点，提取原点的像素坐标（X，Y），最终结果如图 4-31 所示。

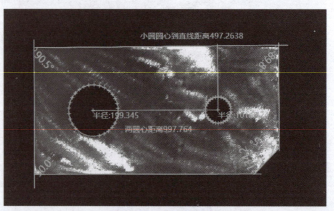

图 4-31　点到线测量

8. 单位转换

根据测量结果进行数据转换，单位选择测量的单位结果，标定文件选择标定板保存文件，如图 4-32 所示。

图 4-32　单位转换

9. 完整程序

完整程序如图 4-33 所示。

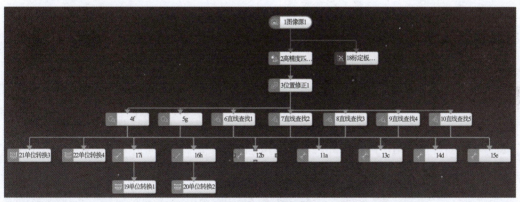

图 4-33　完整程序

拓展任务

根据本任务所学知识点，对图 4-34 所示的工具进行测量，测量出实际圆的半径与圆心至直线的垂直距离。

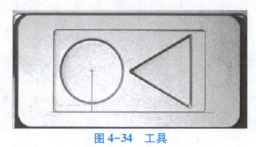

图 4-34　工具

任务引入

随着电子技术的飞速发展，芯片作为电子设备的核心部件，其引脚尺寸的精确度直接影响到整个电路的性能和稳定性。因此，在芯片设计、生产及后期维护过程中，对引脚尺寸的精确测量显得尤为重要。使用 VisionMaster 软件凭借其强大的图像处理和测量功能，可测量出芯片引脚的间距距离等数据。

学习目标

【知识目标】

了解机器视觉软件卡尺测量工具指令模块设置。

【能力目标】

可以在机器视觉软件中识别出芯片引脚的间距。

【素养目标】

（1）培养学生精益求精的工作精神。

（2）提高学生爱国、敬业的思想品德。

预备知识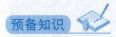

1. 卡尺工具测量

（1）卡尺工具介绍

卡尺工具是一种测量目标对象的宽度，边缘的位置、特征或边缘对的位置和边缘对之间距离的视觉工具。不同于其他视觉工具，卡尺工具需要使用者明确期望测量或是定位的大致区域，目标对象或是边缘的特性等。卡尺工具可以通过选择不同的边缘模式来完成边缘或是边缘对的定位，如图 4-35 所示。

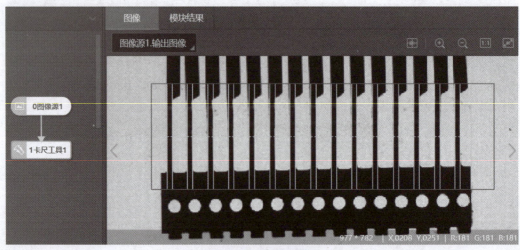

图 4-35　卡尺工具

（2）卡尺测量参数介绍

卡尺测量参数如图4-36所示。

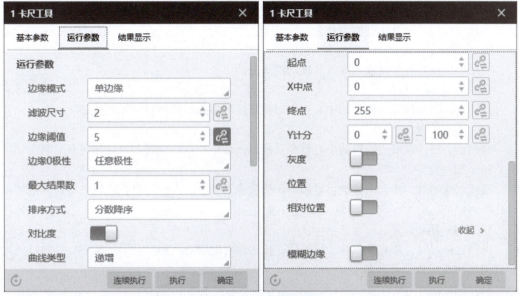

图4-36　卡尺测量参数

1）边缘模式。

可选单边缘或边缘对。

①单边缘：可以检测指定区域内的边缘位置，可用于定位、计数和判断有无等。

②边缘对：可以检测指定区域内的边缘间距。

2）滤波尺寸。

用于增强边缘和抑制噪声，最小值为1。当边缘模糊或有噪声干扰时，增大该值有利于使检测结果更加稳定，但如果边缘与边缘之间挨得太近时反而会影响边缘位置的精度甚至丢失边缘，该值需根据实际情况设置。

3）边缘阈值。

边缘阈值即梯度阈值，范围为0~255，只有边缘梯度阈值大于该值的边缘点才能被检测到，数值越大，抗噪声能力越强，得到的边缘数量越少，甚至导致目标边缘点被筛除。

4）边缘0/1极性。

①可选从黑到白、从白到黑、任意极性。

②选择边缘对时，才有边缘1极性参数。

5）边缘对宽度。

选择边缘对时，才有该参数。边缘对宽度指期望输出的边缘对的像素间距。单独调节该参数无法直接筛选出期望的边缘对，仅当位置归一化计分、相对位置归一化计分、间距计分、间距差计分、相对间距差计分中一个或多个计分方式开启时调节该参数才有意义，且作为计分因子的缩放因子使用。

6）最大结果数。

期望输出的边缘对最大数量，若实际查找到的对数大于该参数，则按照分数由高到低输出该参数数量的边缘对，否则输出实际边缘对数。

7）排序方式。

分为分数升序、分数降序、方向正向、方向逆向 4 种类型，根据所选类型对结果进行排序。

8）对比度/边缘对对比度。

选择单边缘时，该参数为对比度；选择边缘对时，该参数为边缘对对比度。启用后，按边缘对比度或边缘对对比度均值计分。

9）灰度。

启用后，按边缘灰度或边缘对灰度均值计分。

10）位置。

启用后，按边缘或边缘对的中心点相对投影区域中心点的绝对位置差评分。

11）相对位置。

启用后，按边缘或边缘对的中心点相对投影区域中心点的位置差（可正可负）评分。

12）归一位置。

选择边缘对时，才有该参数。启用后，按边缘对的中心点相对投影区域中心点的绝对归一化距离评分。

13）归一相对位置。

选择边缘对时，才有该参数。启用后，按边缘对的中心点相对投影区域中心点的归一化位置差（可正可负）评分。

14）间距。

选择边缘对时，才有该参数。启用后，按边缘对距离/边缘对宽度，单边计分方式评分。

15）间距差。

选择边缘对时，才有该参数。启用后，按 | （边缘对距离-边缘对宽度)/边缘对宽度 | ，单边计分方式评分。

16）相对间距差。

选择边缘对时，才有该参数。启用后，按（边缘对距离-边缘对宽度)/边缘对宽度，双边计分方式评分。

17）模糊边缘。

开启该功能可以增强候选边缘点集的提取能力，候选点集数更多，从而可在"干扰点较多的图像"或"边缘模糊的图像"场景中更大可能地提取到目标边缘点，但耗时增加明显。

（3）卡尺测量函数介绍

参数介绍中的对比度/边缘对对比度、灰度、位置、相对位置、归一位置、归一相对位置、间距、间距差使用的计分方式均为单边计分函数，此类函数有两种形式，分别为递增函数和递减函数，具体如图 4-37 所示。

函数形式为递增或递减可通过曲线类型参数设置，起点对应图中的 x_0，X 中点对应 x_1，终点对应 x_c，Y 计分的范围对应 $y_0 \sim y_1$。

参数介绍中的相对间距差使用的计分方式为双边计分函数，共有 4 种形式，分别为递增函数+递增函数、递增函数+递减函数、递减函数+递增函数、递减函数+递减函数，其中两种函数如图 4-38 和图 4-39 所示。

此时需分别设置左曲线和右曲线的相关参数。左/右曲线的起点分别对应图中的 x_0/xh_0，X 中点对应 x_1/xh_1，终点对应 x_c/xh_c，Y 计分的范围分别对应 y_0-yh_0/y_1-yh_1。

任务流程图如图 4-40 所示。

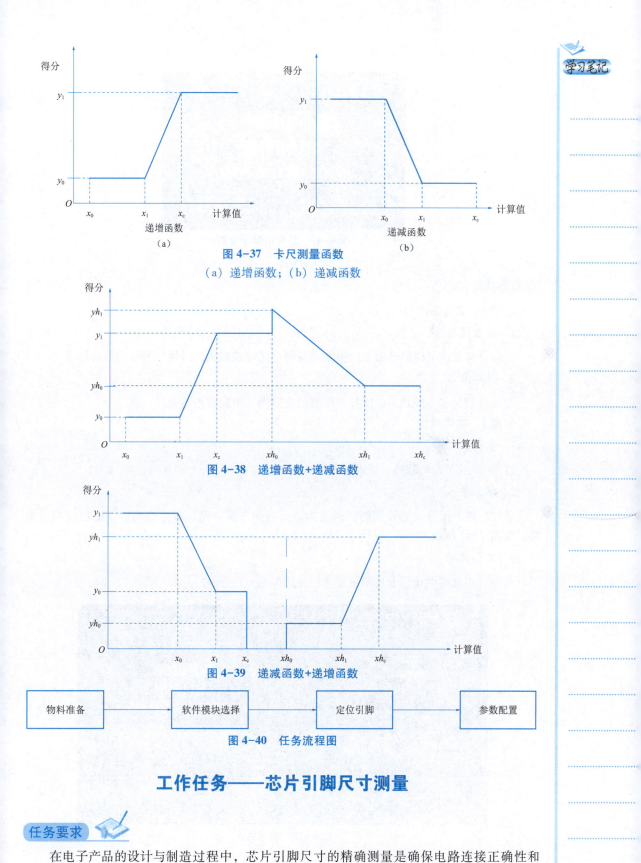

图 4-37　卡尺测量函数

（a）递增函数；（b）递减函数

图 4-38　递增函数+递减函数

图 4-39　递减函数+递增函数

图 4-40　任务流程图

工作任务——芯片引脚尺寸测量

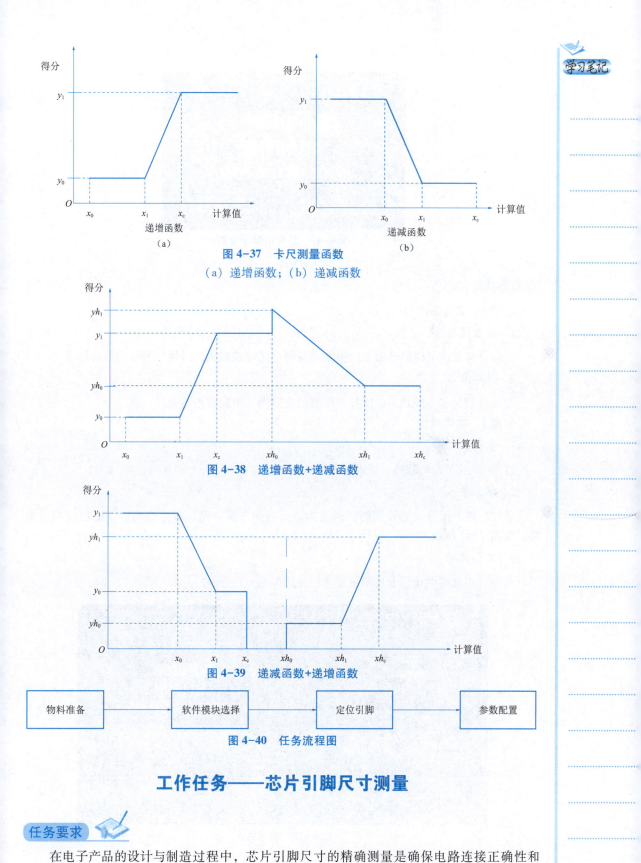
任务要求

在电子产品的设计与制造过程中，芯片引脚尺寸的精确测量是确保电路连接正确性和稳定性的关键环节。如图 4-41 所示，要求准确测量芯片引脚的宽度。

图 4-41　芯片引脚示意图

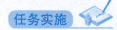 任务实施

步骤 1：准备工作

1. 放置设备

将设备放置在平稳的桌面上，确保设备不会晃动或倾斜，以保证测量的准确性。

2. 样品准备

准备待测的芯片样品，确保其表面清洁无遮挡，引脚清晰可见。

步骤 2：软件操作

1. 启动软件

打开 VisionMaster 软件，进入主界面。

2. 图像导入

通过软件界面导入芯片引脚的高清图像，确保图像清晰、对焦准确，以便进行精确测量，如图 4-42 所示。

3. 工具选择

在软件工具栏中找到卡尺测量工具，并选中它。

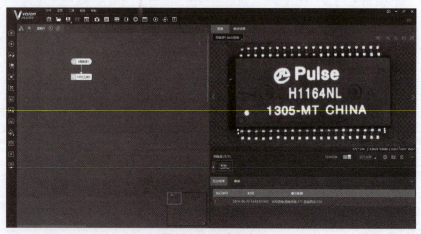

图 4-42　图像导入

步骤 3：测量过程

1. 定位引脚

使用鼠标或软件提供的导航工具，在图像中精确定位待测的芯片引脚，如图 4-43 所示。

图 4-43　定位引脚

需注意，框选箭头方向为检测方向，需根据检测方向进行判断。

2. 参数设置

（1）边缘模式选择

检测芯片引脚，选择边缘对。

（2）设置边缘极性

边缘极性为 0、1，0 为识别第一条边缘，1 为识别第二条边缘，根据所识别方向判断，第一条直线为从黑到白，第二条直线为从白到黑，如图 4-44 所示。

图 4-44　设置边缘极性

（3）滤波尺寸设置

调整至卡尺工具边缘线位置与芯片引脚两侧边缘重合。

（4）识别个数设置

芯片引脚个数为 20 个，选择识别最大个数为 20。

（5）最终程序与结果展示

最终程序与结果展示如图 4-45 所示。

图 4-45　最终程序与结果展示

拓展任务

任务要求：

在精密机械设计与制造过程中，确保零件尺寸的准确性至关重要。机械零件如螺栓、齿轮、轴承等，其尺寸的微小偏差都可能影响整体设备的性能和寿命。因此，我们采用 VisionMaster 软件的卡尺测量工具，对具有代表性的机械零件——螺栓（见图 4-46）进行精确测量，对螺栓的直径、长度进行检测，以验证其尺寸是否符合设计要求。

图 4-46　螺栓

项目五　机器视觉系统识别应用

项目描述

据统计，人类获取外部信息的83%都来源于眼睛，位于五官之首，由此可见，视觉是人类观察世界和认知世界的重要手段。通过视觉，我们可以获取外界事物的大小、明暗、颜色、状态等信息，还可以在不需要进行身体接触的情况下，直接与周围环境进行智能交互。

任务一　颜色识别

任务引入

近年来，数字图像处理技术发展迅速，基于机器视觉的各种检测技术逐步从研究领域走向实用化阶段。颜色检测利用图像处理与识别技术测量颜色之间的差别，可以显著提高对颜色检测工业生产的自动化程度。颜色检测技术通过图像采集设备采集待测物体表面颜色图像，利用参考颜色标准，使用计算机对颜色图像进行算法计算，准确区别颜色之间的差别。

学习目标

【知识目标】

（1）了解循环指令设置；

（2）了解颜色识别设置。

【能力目标】

（1）能够掌握循环指令的设置；

（2）能够掌握颜色识别的设置。

【素养目标】

（1）学生应该具备创新思维和创新能力，能够在未来的发展中具有竞争力；

（2）学生应该具备人文关怀、社会责任和国际视野，能够在社会中扮演积极的角色。

预备知识

一、Group 的介绍

1. 循环指令的作用

循环指令是程序中常用的一种指令，用于实现对程序段的循环执行。它可以根据条件判断的结果，决定是否继续执行循环内的程序段，从而实现对特定操作的重复执行。在实际工程中，循环指令常用于对某个操作进行多次重复，例如对一组传感器信号进行采集和处理、对某个设备进行连续的控制等。

2. Group 的介绍

在 VisionMaster 软件中，程序在复杂方案中由于模块过多可能造成视觉混乱，我们可以选择利用 Group 进行模块整合，同时 Group 也兼容了循环功能，如图 5-1、图 5-2 所示。

图 5-1　循环打开位置

图 5-2　Group 图标显示

双击 Group 模块，可进入模块内编写程序，如图 5-3 所示，单机 Group 模块，可进行输入/输出设置、显示设置、循环设置，如图 5-4 所示。

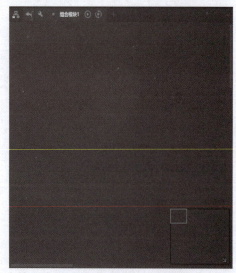

图 5-3　双击 Group 模块

图 5-4　单机 Group 模块进行设置

输入和输出设置用于输入和输出数据的绑定和设置，支持多项选择模式，Group 外部的数据传递到 Group 内部前需要将其设置为输入数据，否则在 Group 内无法绑定相关数据。Group 内部完成处理后要想将对应的数据传递到外部，也需要将数据设置为输出数据。

Group 的结果显示只有当输出配置完成时才会输出模块状态 1，如果输出没有配置完全，即使 Group 里的模块运行状态都为 1，Group 也会显示模块状态为 0，同时历史结果中只显示模块输出配置的数据类型，未配置的不进行输出。

3. Group 输入输出设置

1）变量名：自定义变量名。

2）类型：输入/输出的数据包括 int（整数）、float（浮点数）、string（字符串）、image（图像）、roibox（目标区域）、point（点）、line（直线）、circle（圆）、fixture（修正信息）、annulus（圆环），roiannulus（ROI 圆弧），支持多项选择输出。

3）初始值：一般都从其他模块绑定，绑定的值赋给变量，以便正常的输入/输出。

4. Group 显示设置

显示设置可设置订阅输入/输出中配置的参数，将其结果全局显示，如图 5-5 所示。

图 5-5　显示设置

5. Group 循环设置

循环设置如图 5-6 所示。

1）循环使能：使能后循环开启，Group 模块外嵌套循环框。

2）循环起始值：自定义循环计数起始值，一般设置为 0。

3）循环结束值：循环结束值与循环起始值之差就是循环次数。

4）循环间隔：单个循环之间循环间隔。

5）中断循环：中断循环开启后，只有达到条件后循环才能终止。

图 5-6　循环设置

二、颜色识别介绍

1. 颜色识别的原理

机器视觉检测系统采用 CCD 照相机将被检测的目标转换成图像信号，传送给专用的图像处理系统，根据像素分布和亮度、颜色等信息，转变成数字化信号，图像处理系统对这些信号进行各种运算来抽取目标的特征，如面积、数量、位置、长度，再根据预设的允许度和其他条件输出结果，包括尺寸、角度、个数、合格/不合格、有/无等，实现自动识别功能。

2. 颜色模块介绍

如图 5-7 所示，在 VisionMaster 中，颜色识别位于颜色处理模块当中。

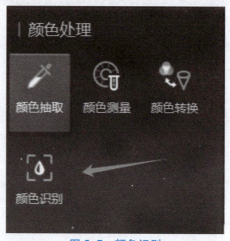

图 5-7　颜色识别

颜色识别依靠颜色为模板进行分类识别，当不同类物体有着比较明显的颜色差异时，颜色识别可实现精准的物体分类并输出相关的分类信息，在识别前需要进行模板的建立，如图 5-8 所示。

一类物体可以放入一个标签中，当样本打标错误时可将样本移动至正确的标签列表中，在完成建模以后可以调节模板参数。

1）敏感度：有高、中、低三种敏感模式，当图像对类似于光照变化等外界环境比较敏感时，建议选择高敏感模式。

2）特征类型：有色谱特征和直方图类型，相较而言直方图类型更为敏感。

3）亮度：亮度特征反映光照对图像的影响，若需要在光照变化的情况下保持识别结果更加稳定，可关闭亮度特征。只可在直方图特征中选择开启或关闭亮度特征，色谱特征始终开启亮度特征。

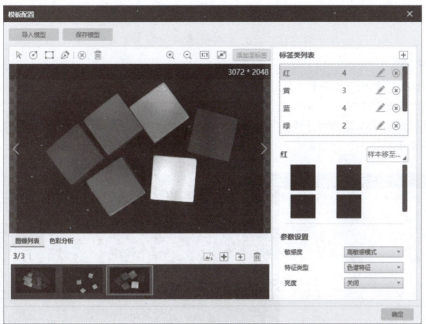

图 5-8　模板配置

建立完模板后加载图像并设定 ROI 限定目标区域，单次运行会输出每个类对应的识别得分，以及根据参数 K 值所得到的最佳识别效果，如图 5-9 所示。在输出结果的右侧会输出得分最高的模型和当前图像的色相、饱和度、亮度对比图表。

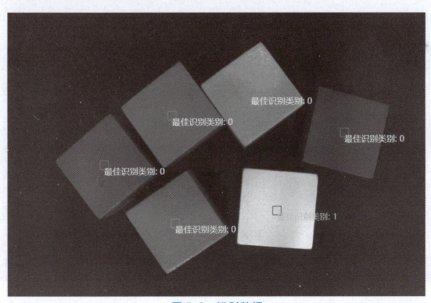

图 5-9　识别数据

K 值表示选取前 K 个样本中所占数量最多的类作为最佳识别结果，K 值需要小于所有标签类中的最小样本数。

KNN 距离包含欧氏距离、曼哈顿距离和相交距离，各种距离之间略有差异，可根据具体情况进行调试选择，一般选择默认距离即可。

3. 格式化

格式化操作前面已有详细内容，此处不再赘述。

4. 数据集合

当 Group 循环内部循环执行，生成多个结果数据时，可通过数据集合进行整合输出，通过清空信号设置可控制输出所有循环结果或最后一次数据结果。当循环内部的快速特征匹配执行多次时，数据集合绑定快速特征匹配的匹配点 x，同时清空信号设置成空或者 0，如图 5-10 所示。

图 5-10　数据集合进行整合输出

循环外部格式化绑定 Group 输出，可以输出完整数组，如图 5-11 所示。

图 5-11　输出完整数组

数据集合参数（见图 5-12）介绍。

1）清空信号。

①空：完整输出循环数据，同时在下一次循环开始前清空数据。

②0：完整输出循环数据，但是在下一次循环开始前不做数据清空。

③非空非 0：输出最后一次循环数据。

2）名称：自定义数据名称，数据要输出时需要在 Group 输出配置里将其配置成输出数据。

3）类型：需要整合的数据类型，有 int、float、string 类型。

4）数据源：绑定需要整合的前序模块数据。

图 5-12　数据集合参数

三、颜色识别检测流程图

颜色识别检测流程图如图 5-13 所示。

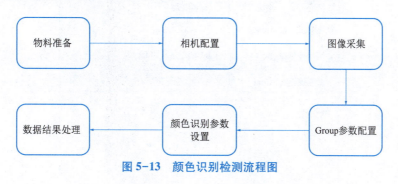

图 5-13　颜色识别检测流程图

工作任务——颜色识别

任务要求

如图 5-14 所示，本任务利用 VisionMaster 软件对桌面上随机放置的三种不同颜色的长方形（例如红色、蓝色和黄色）进行自动识别与颜色分类，长方形中，颜色为黄色的为一类，检测结果为 1，蓝色与红色的为一类，检测结果为 0。

图 5-14　长方形

任务实施

步骤 1：准备阶段

1. 软件配置

打开 VisionMaster 软件，并进行必要的配置，如相机连接、参数设置等。

2. 图像采集

1）使用 VisionMaster 支持的相机或图像输入设备拍摄桌面上的长方形图像。

2）确保图像清晰，颜色对比明显，以便软件能够准确识别。

步骤 2：软件设置

（1）输入设置

在"21000 组合模块"中，"输入设置"中加入图像源使图像传入 Group 内部程序中，以及我们所要用到的高精度匹配的匹配点和匹配角度，如图 5-15 所示。

图 5-15　输入设置

（2）循环设置

打开"21000"组合模块中的"循环使能"，循环的初始值设为 0，序号结束值按照高精度匹配的个数，识别几个循环几个。

输出设置先不设置，根据里面编程的结果值来设置，如图 5-16 所示。

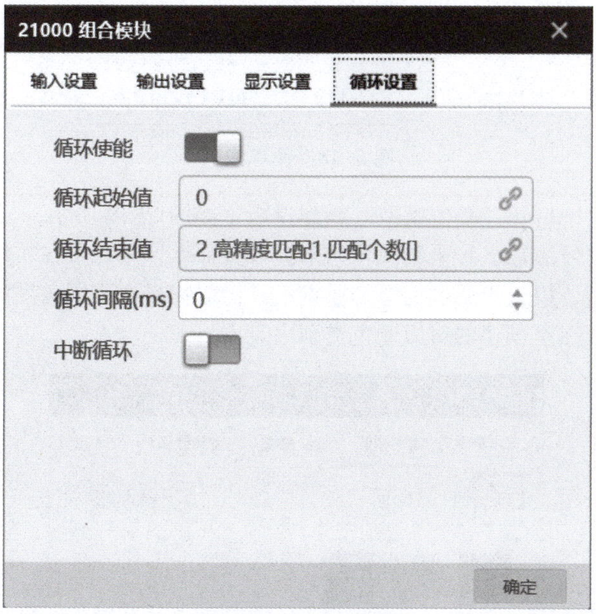

图 5-16 循环设置

（3）颜色分类设置

在 VisionMaster 中，选择合适的颜色空间进行颜色分类。常用的颜色空间包括 RGB、HSV 等。根据长方形颜色的实际情况选择合适的颜色空间。

如图 5-17 所示，输入源设置图像，ROI 选用继承与按参数，在 RIO 中心点 X、Y 中要注意，在添加高精度匹配的 X、Y、角度时，需要加上"循环索引"才能进行循环判断，否则只会在同一个目标点上识别，如图 5-18 所示。

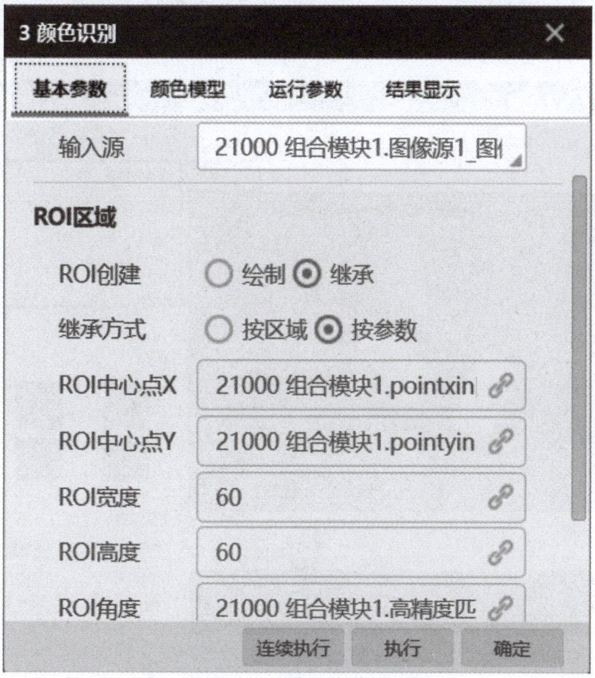

图 5-17 颜色识别设置

ROI中心点X 21000 组合模块1.循环索引 🔗

ROI中心点Y 21000 组合模块1.pointyin 🔗

图 5-18 循环索引

在"颜色识别"中打开"颜色模型"新建模板，如图 5-19 所示，打开模板后如图 5-20 所示，第一步在下方可添加多张采集图像用来提取特征点，第二步在右侧添加三种颜色的类别，定义名字及类型，第三步通过选择特征点工具提取物料在不同角度的颜色特征，第四步保存提取的颜色特征点至创建的对应颜色类别中。

图 5-19 新建模板

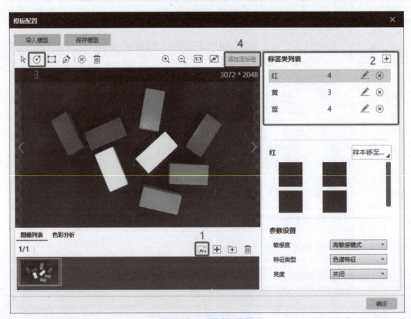

图 5-20 模板设置

最终识别结果显示以及编程流程如图 5-21、图 5-22 所示。

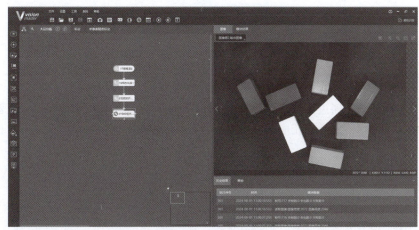

图 5-21　完整程序展示

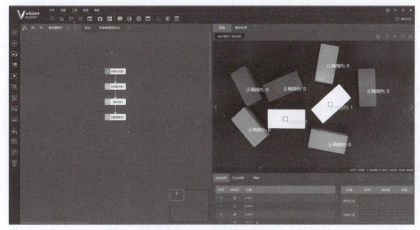

图 5-22　完整结果显示

拓展任务

如图 5-23 所示，在彩虹糖生产车间，生产出的糖果难免会混在不同颜色的糖果当中，需编写颜色识别程序，帮助工厂有效地识别出不同颜色的彩虹糖，提高工厂的生产效率。

图 5-23　彩虹糖

任务引入

机器视觉的原理是通过图像处理技术和机器学习技术，从图像中识别代码。机器视觉一般通过摄像头或图像传感器来获取图像数据，然后通过图像处理技术对图像进行分析，识别代码内容。

学习目标

【知识目标】

（1）了解二维码的参数设置；

（2）了解条形码的参数设置；

（3）了解字符的参数设置。

【能力目标】

（1）掌握二维码的设置；

（2）掌握条形码的设置；

（3）掌握字符的设置。

【素养目标】

（1）学生应该具备创新思维和创新能力，能够在未来的发展中具有竞争力；

（2）学生应该具备人文关怀、社会责任和国际视野，能够在社会中扮演积极的角色。

预备知识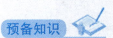

一、二维码识别的介绍

1. 什么是二维码

二维码又称二维条码，常见的二维码为 QR 码，QR 全称 Quick Response，是一种编码方式。它比传统的 Bar 条形码能存更多的信息，也能表示更多的数据类型。

二维条码/二维码（2-dimensional Bar Code）是用某种特定的几何图形按一定规律在平面（二维方向）上分布的、黑白相间的、记录数据符号信息的图形；在代码编制上巧妙地利用构成计算机内部逻辑基础的"0""1"比特流的概念，使用若干个与二进制相对应的几何形体来表示文字数值信息，通过图像输入设备或光电扫描设备自动识读以实现信息自动处理，它具有条码技术的一些共性：每种码制有其特定的字符集；每个字符占有一定的宽度；具有一定的校验功能等；同时还具有对不同行的信息自动识别及处理图形旋转变化的特点。

2. VisionMaster 中二维码模块

用于识别目标图像中的二维码，将读取的二维码信息以字符的形式输出。一次可以高效准确地识别多个二维码，目前只支持 QR 码和 DataMatrix 码，如图 5-24 所示。

图 5-24　二维码显示结果

3. 二维码的参数

二维码的参数如图 5-25 所示。

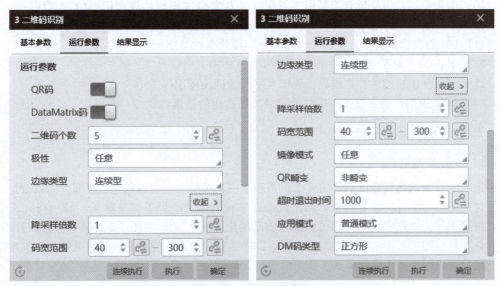

图 5-25　二维码的参数

1）QR 码、DataMatrix 码：开启后可以识别该类型的码，当不确定码类型时建议都打开。

2）二维码个数：期望查找并输出的二维码最大数量，若实际查找到的个数小于该参数，则输出实际数量的二维码。有时场景中的二维码个数不定，若要识别所有出现的二维码，则该配置参数以场景中二维码个数最大值作为配置。在部分应用中，背景纹理较复杂，当前参数可以适当大于要识别的二维码个数，会牺牲一些效率。

3）极性：有任意、白底黑码和黑底白码 3 种形式，可以根据自己要识别码的极性进行选择。

4）边缘类型：有连续型、离散型和兼容模式 3 种类型，如图 5-26 所示，左边表示连续型，右边表示离散型，兼容模式可兼容其他两种类型。

图 5-26   边缘类型示意图

5）降采样倍数：图像降采样系数，数值越大，算法效率越高，但二维码的识别率降低。

6）码宽范围：二维码所占的像素宽度，码宽范围包含最大、最小码的像素宽度。

7）镜像模式：镜像模式启用开关，指的是图像 X 方向镜像，包括"镜像""非镜像""任意"模式。当采集图像是从反射的镜子中等情况下采集到的图像时，该参数开启，否则不开启。

8）QR 畸变：当要识别的二维码打印在瓶体上或者类似物流的软包上有褶皱时需要开启该参数。

9）超时退出时间：算法运行时间超出该值，则直接退出，单位为 ms。当设置为 0 时，超时退出时间就会关闭，以实际算法运行时间为准。默认设置为 1 000 ms。

10）应用模式：正常场景下采用普通模式，专家模式预留给较难识别的二维码，当应用场景简单、单码、码清晰、静区大且干净时则根据需要可以采用极速模式。

11）DM 码类型：有正方形、长方形、兼容模式 3 种类型。

12）中心 X/Y 识别结果：二维码识别的中心 X 和 Y 坐标。

13）码角度识别结果：二维码相较于水平位置的角度偏移。

14）PPM 识别结果：二维码内一个模块边长占用的像素数。

二、条形码识别的介绍

1. 什么是条形码

条形码或条码是将宽度不等的多个黑条和空白，按照一定的编码规则排列，用以表达一组信息的图形标识符。常见的条形码是由反射率相差很大的黑条（简称条）和白条（简称空）排成的平行线图案。条形码可以标出物品的生产国、制造厂家、商品名称、生产日期、图书分类号、邮件起止地点、类别、日期等许多信息，因而在商品流通、图书管理、邮政管理、银行系统等许多领域都得到了广泛的应用。

1）EAN 码：EAN 码是国际物品编码协会制定的一种商品用条码，通用于全世界。EAN 码符号有标准版（EAN-13）和缩短版（EAN-8）两种，我国的通用商品条码与其等效，日常购买的商品包装上所印的条码一般就是 EAN 码，如图 5-27 所示。

2）UPC 码：UPC 码是美国统一代码委员会制定的一种商品用条码，主要用于美国和加拿大地区，我们在美国进口的商品上可以看到，如图 5-28 所示。

图 5-27   EAN 码   **图 5-28   UPC 码**

学习笔记

3）CODE39码：CODE39码是一种可表示数字、字母等信息的条码，主要用于工业、图书及票证的自动化管理，目前使用极为广泛，如图 5-29 所示。

起始码　Z　1　3　5　+　终止码

图 5-29　CODE39 码

4）CODE93码：CODE93码与CODE39码具有相同的字符集，但它的密度要比CODE39码高，所以在面积不足的情况下，可以用 CODE93码代替 CODE39码，如图 5-30 所示。

12345

图 5-30　CODE93码

5）库德巴码：库德巴码也可表示数字和字母信息，主要用于医疗卫生、图书情报、物资等领域的自动识别，如图 5-31 所示。

Codabar

123456

图 5-31　库德巴码

6）CODE128码：CODE128码可表示 ASCII 0 到 ASCII 127 共计 128 个 ASCII 字符，如图 5-32 所示。

A u x (1 2 4) - T R

图 5-32　CODE128码

7）交替25码：交替25码是一种条和空都表示信息的条码，有两种单元宽度，每一个条码字符由 5 个单元组成，其中 2 个宽单元，3 个窄单元。在一个交替 25 码符号中，组成条码符号的字符个数为偶数，当字符是奇数个时，应在左侧补 0 变为偶数。条码字符从左到右，奇数位置字符用条表示，偶数位字符用空表示。交替 25 码的字符集包括数字 0 到 9，如图 5-33 所示。

图 5-33　交替 25码

8）Industrial25码：Industrial25码只能表示数字，有两种单元宽度。每个条码字符由 5 个条组成，其中两个宽条，其余为窄条。这种条码的空不表示信息，只用来分隔条，一般取与窄条相同的宽度，如图 5-34 所示。

图 5-34　Industrial25码

9）Matrix25码：Matrix25码只能表示数字 0 到 9。当采用 Matrix25码的编码规范，而采用交替 25 码的起始符和终止符时，生成的条码就是邮政条形码，如图 5-35 所示。

图 5-35　Matrix25码

2. VisionMaster 中条形码模块

该工具用于定位和识别指定区域内的条码，容忍目标条码以任意角度旋转以及具有一定量角度倾斜，支持 CODE39码、CODE128码、库德巴码、EAN码、交替 25 码以及 CODE93码，如图 5-36 所示。

图 5-36　条形码模块

3. 条码参数

1）码类型开关：支持 CODE39 码、CODE128 码、库德巴码、EAN 码、交替 25 码以及 CODE93 码，根据条码类型开启相应开关，如图 5-37 所示。条码参数如图 5-38 所示。

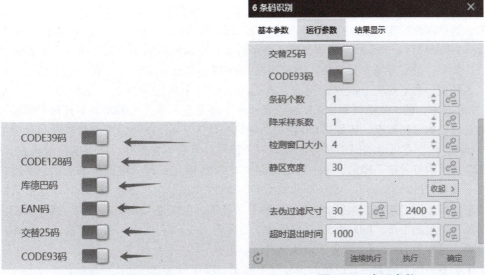

图 5-37　码类型开关　　　　　　　　图 5-38　条码参数

2）条码个数：期望查找并输出的条码最大数量，若实际查找到的个数小于该参数，则输出实际数量的条码。

3）降采样系数：降采样也叫下采样，即采样点数减少。对于一幅 $N\times M$ 的图像来说，如果降采样系数为 k，则在原图中每行每列每隔 k 个点取一个点组成一幅图像。因此下采样系数越大，轮廓点越稀疏，轮廓越不精细，该值不宜设置过大。

4）检测窗口大小：条码区域定位窗口大小。默认值为 4，当条码中空白间隔比较大时，可以设置得更大，比如 8，但一般也要保证条码高度大于窗口大小的 6 倍左右；取值范围为 4~65。

5）静区宽度：静区指条码左右两侧空白区域的宽度，默认值为 30，稀疏时可尝试设置为 50。

6）去伪过滤尺寸：算法支持识别的最小条码宽度和最大条码宽度，默认为 30~2400。

7）超时退出时间：算法运行时间超出该值，则直接退出，当设置为 0 时以实际所需算法耗时为准，单位为 ms。

三、字符识别的介绍

1. 什么是字符

1）字符（Character）：在计算机和电信技术中，一个字符是一个单位的字形、类字形单位或符号的基本信息。说得简单点，字符是各种文字和符号的总称。一个字符可以是一个中文汉字、一个英文字母、一个阿拉伯数字、一个标点符号、一个图形符号或者控制符号等。

2）20 世纪 60 年代，美国制定了一套字符编码规则，对英语字符与二进位之间的关系做了统一规定，这套编码规则被称为 ASCII 编码，一直沿用至今。ASCII 编码一共规定了 128 个字符的编码规则，这 128 个字符形成的集合就叫作 ASCII 字符集。在 ASCII 编码中，每个字符占用一个字节的后面 7 位，最前面的 1 位统一规定为 0。在 ASCII 编码中，0~31 控制字符如换行、回车、删除等，32~126 是可打印字符，可以通过键盘输入并且能够显示出来。英语用 128 个符号编码就够了，但是用来表示其他语言，128 个符号是不够的。所以当 ASCII 码传到欧洲的时候，一些欧洲国家就决定对 ASCII 编码进行适当的"改造"：将字节中闲置的最高位编入新的符号。比如，法语中的 é 的编码为 130（二进制 10000010）。这样一来，这些欧洲国家使用的编码体系可以表示最多 256 个符号。这个编码统称为 EASCII（Extended ASCII）。但是欧洲的语言体系有个特点：小国家特别多，每个国家可能都有自己的语言体系，语言环境十分复杂。因此即使 EASCII 可以表示 256 个字符，也不能统一欧洲的语言环境。为了解决上面这个问题，人们想出了一个折中的方案：在 EASCII 中表示的 256 个字符中，前 128 字符和 ASCII 编码表示的字符完全一样，后 128 个字符每个国家或地区都有自己的编码标准。比如，130 在法语编码中代表了 é，在希伯来语编码中却代表了字母 Gimel（λ），在俄语编码中又会代表另一个符号。但是不管怎样，所有这些编码方式中，0~127 表示的符号是一样的，不一样的只是 128~255 的这一段。根据这个规则，就形成了很多子标准：ISO-8859-1，ISO-8859-2，ISO-8859-3，……，ISO-8859-16。这些子标准适用于欧洲不同的国家和地区。ISO-8859-1 字符集，也就是 Latin-1，是西欧常用的字符，包括德法两国的字母。ISO-8859-2 字符集，也称为 Latin-2，收集了东欧字符。ISO-8859-3 字符集，也称为 Latin-3，收集了南欧字符。

至于亚洲国家的文字，使用的符号就更多了，汉字就多达 10 万。一个字节最多只能表示 256 种符号，肯定是不够的，必须使用多个字节表达一个符号，因此才出现了后面的 Unicode 字符集和 GB2312 等字符集。比如，简体中文常见的编码方式是 GB2312，使用两个字节表示一个汉字，所以理论上最多可以表示 65536 个符号。

2. VisionMaster 中字符模块

字符识别模块用于读取标签上的字符文本，需要进行字符训练，如图 5-39 所示。

图 5-39　字符识别

3. 字符识别模块参数介绍

字符识别参数如图 5-40 所示。

1）字符极性：有白底黑字和黑底白字两种。

2）字符宽度范围：设置字符的最小宽度和最大宽度，参数范围是 [1, 512]。

3）宽度类型：有可变类型和等宽类型两种。当字符宽度一致时建议选择等宽类型，当字符宽度有差异时建议选择可变类型。

4）字符高度范围：设置字符的最小高度和最大高度，范围是［1，512］。

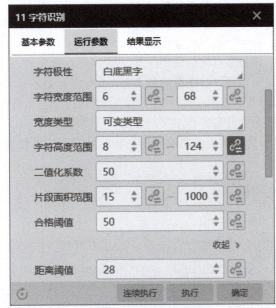

图 5-40　字符识别参数

5）二值化系数：二值化阈值参数，范围是［0，100］。

6）片段面积范围：单个字符片段的面积范围，范围是［0，100000］。

7）合格阈值：能够被识别字符的最小得分。

4. 字符识别高级参数设置

字符识别高级参数如图 5-41 所示。

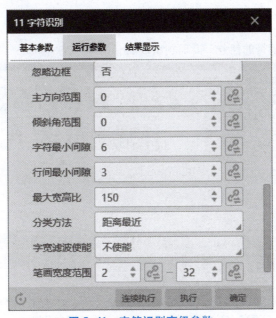

图 5-41　字符识别高级参数

1) 距离阈值：字符片段到文本基线的距离，大于该值则删除，范围是［0，100］。

2) 忽略边框：若选择是，则表示忽略与 ROI 粘连的字符。

3) 主方向范围：文本行倾斜角度搜索范围，范围是［0，45］。

4) 倾斜角范围：允许字符倾斜的最大范围，范围是［0，45］。

5) 字符最小间隙：两个字符间的最小横向间距。

6) 行间最小间隙：多行字符间的最小间隙。

7) 最大宽高比：单个字符外接矩形的最大宽高比，范围是［1，1000］。

8) 分类方法：该参数配合相似度类型使用，有距离最近、权重最高和频率最高 3 种方式。

9) 字宽滤波使能：是否开启字符间字符宽度的滤波使能。

10) 笔画宽度范围：单个笔画的宽度范围，在打开字宽滤波使能后才能生效，最大范围是［1，64］。

四、读码识别流程图

读码识别流程图如图 5-42 所示。

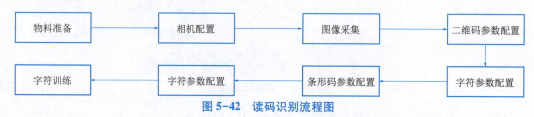

图 5-42　读码识别流程图

工作任务——产品标签检测

任务要求

如图 5-43 所示，在 VisionMaster 软件中识别产品标签上的条形码、二维码以及准确识别出海康机器人英文字符的任务，需识别出成品（OK）与缺陷成品（NG）。

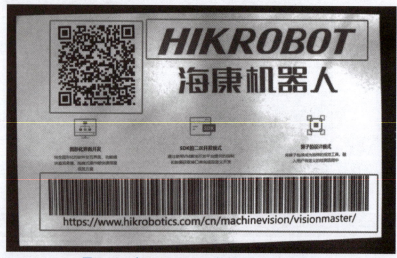

图 5-43　在 VisionMaster 软件中识别产品标签

任务实施

步骤 1：任务准备

1. 确保已安装最新版本的 VisionMaster 软件，并具备相应的授权或加密狗。

2. 准备与 VisionMaster 软件兼容的工业相机、镜头、光源等硬件设备，并确保它们已正确连接并配置。

步骤 2：软件设置与配置

1. 相机参数配置

在 VisionMaster 软件中配置相机参数，如分辨率、帧率、曝光时间等，以确保采集到的图像质量满足识别要求。

2. 图像处理模块设置

对采集到的图像进行预处理，如灰度化、滤波、二值化等，以提高条形码、二维码和字符识别的准确率和速度。这些预处理步骤可以在 VisionMaster 软件中的图像处理模块进行设置和调整。

步骤 3：识别任务实施

1. 条形码识别

如图 5-44 所示，把全部可识别条码都打开，软件会自动识别出对应的条码。

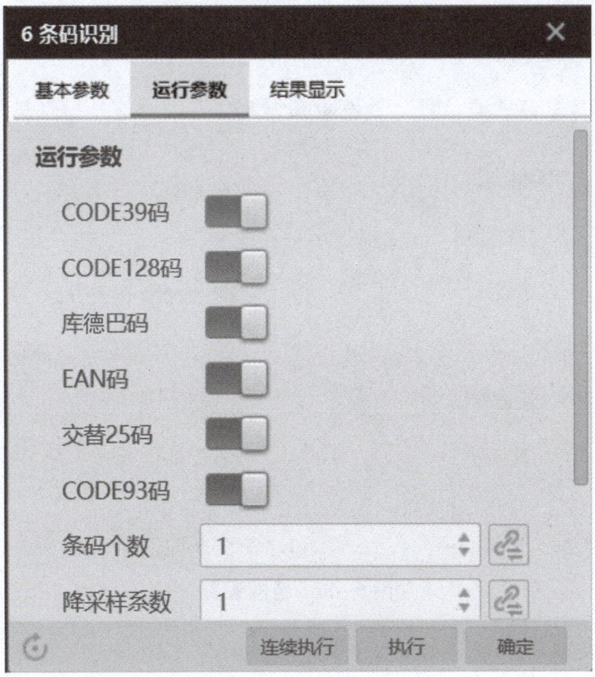

图 5-44 条码识别

最终程序及成果展示如图 5-45 所示。

2. 字符识别

（1）设置识别范围

如图 5-46 所示，框选出所需识别的字符范围，使识别更加精准。

图 5-45　条形码最终程序及成果展示

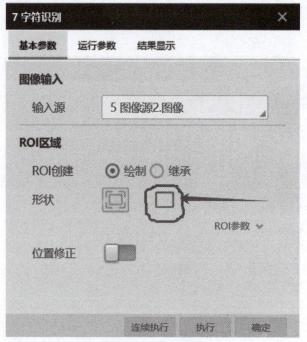

图 5-46　范围设置

（2）基本参数设置

如图 5-47 所示，根据提供的产品图片可知，字符为白底黑字，其余可在字库训练中调整。

（3）字库训练

打开字库训练，如图 5-48 所示，先框选出需要识别的字符范围，再单击需提取的字符可提取出设置框范围内的字符。但是此时识别出的字符不够准确，会出现两个字符合而为一的情况，这时需调整字符宽度范围，将其调小一点，可将每个字符都识别出来。

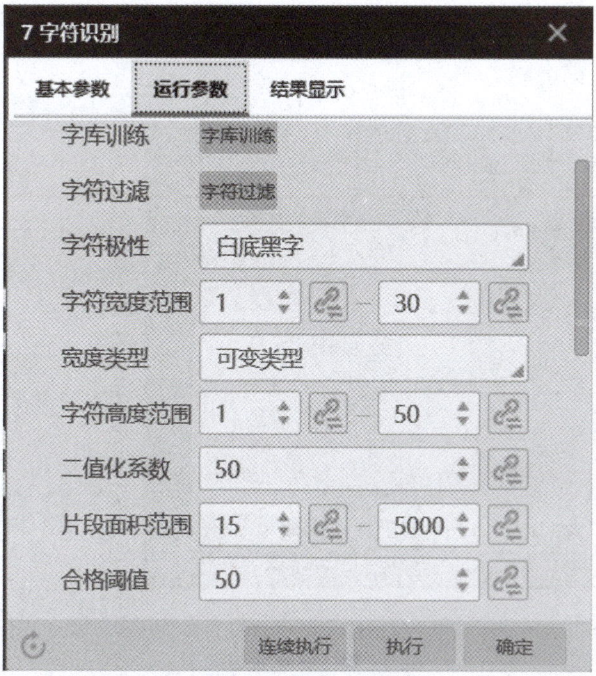

图 5-47　基本参数

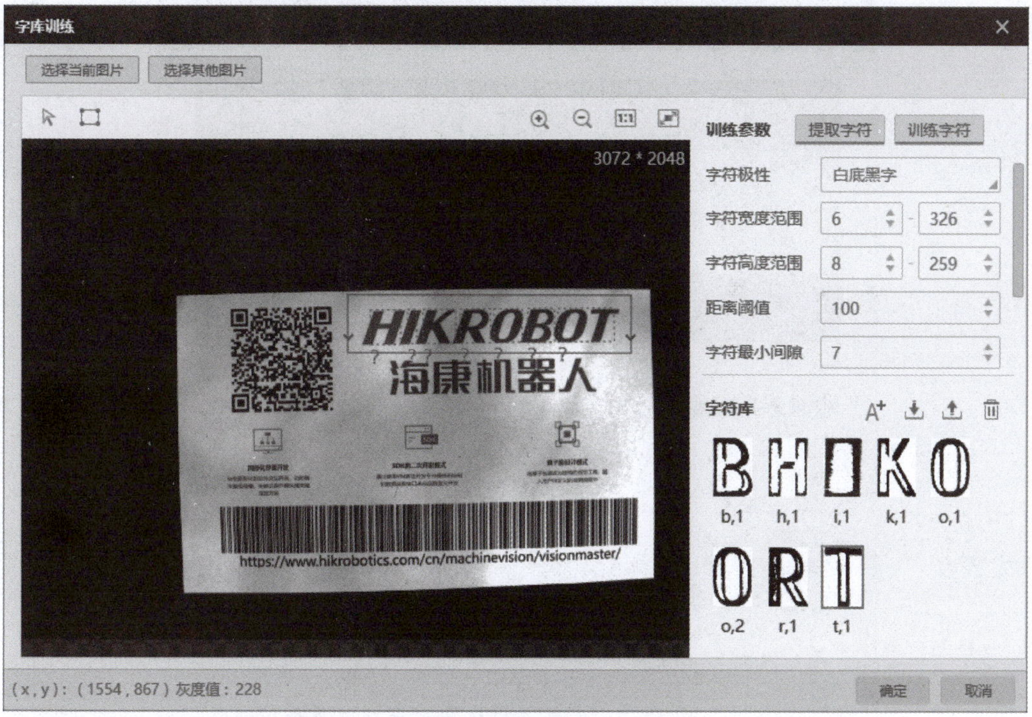

图 4-48　字库训练（1）

如图 5-49 所示，当我们将字符宽度范围调到 [6，150] 时，则每个字符都能被识别到，也没有多余的字符，这时我们单击训练字符。

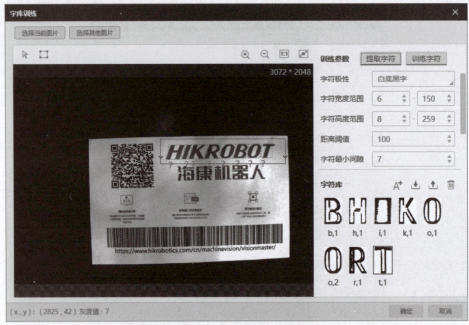

图 5-49　字库训练（2）

如图 5-50 所示，点开训练字符，输入对应字符，保存到我们的字符库。

图 5-50　训练字符（3）

这时字符已经可以识别到了，完整的程序以及展示结果如图5-51所示。

图 5-51　字符识别结果

3. 二维码设置

如图5-52所示，第一幅图片中的二维码为白底黑码，结果如图5-53所示设置。

图 5-52　二维码参数设置　　　　　　　　　图 5-53　二维码结果显示

当编写完程序时，在编码信息中可显示二维码的结果（当前二维码的网站地址）。

4. 缺陷检测

（1）字符缺陷检测

软件会对输入的图像进行预处理，包括去噪、增强对比度等，以提高字符识别的准确性。在识别过程中，软件会对比预定义的字符标准或模板，检查字符是否完整、清晰、无误。常见的字符缺陷包括缺失、模糊、扭曲、错位等。

（2）二维码与条形码缺陷检测

软件首先定位图像中的二维码或条形码区域，并尝试对其进行解码，解码过程中，VisionMaster 会检查二维码或条形码的完整性，包括是否有损坏、污渍、划痕等，可以采用灰度匹配来识别缺陷特征，如图 5-54 所示。

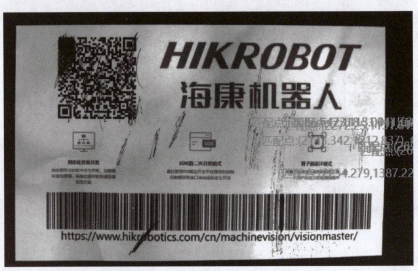

图 5-54　采用灰度匹配识别缺陷特征

拓展任务

　　运用本任务所学习的知识识别出图 5-55 所示的条形码，需先识别出条形码编码，再识别字符，识别需准确，并判断此条形码与字符是否一致。

图 5-55　条形码

项目六　机器视觉系统检测应用

项目描述

机器视觉检测的特点是提高生产的柔性和自动化程度。在一些不适合人工作业的危险工作环境或人工视觉难以满足要求的场合，常用机器视觉来替代人工视觉；同时在大批量工业生产过程中，用人工视觉检查产品质量，效率低且精度不高，用机器视觉检测方法可以大幅提高生产效率和生产的自动化程度。而且机器视觉易于实现信息集成，是实现计算机集成制造的基础技术。

本项目模仿工厂生产流水线。在生产流水线中，生产出的零件不能保证每个形状参数完全符合，这时候我们就必须制定一个标准，在标准的范围内，进行有无检测、缺陷检测，筛选出合格质量的产品。

任务一　有无检测

任务引入

长久以来，有无检测都必须依靠人类肉眼的目视检测来完成，检测人员的身体情况、经验、室内亮度、时间段等因素，都会导致漏检的风险。为了杜绝此类人为错误，实现作业高效化，视觉系统技术正在被不断导入检测现场。

目视检测可能会因个人差导致精度波动及漏检的发生，而全数检测又会耗费大量的时间和人力。为了替代人眼进行工件的识别及判断，视觉系统被导入。近年来，高像素、高速传输的全彩相机进入市场，视觉系统技术也实现了飞跃性的发展，在汽车、食品、医药品、电子设备、日用品等各类现场普及，成为工厂自动化中不可或缺的技术。

学习目标

【知识目标】

（1）了解逻辑检测设置；

（2）了解条件检测设置；

（3）了解耗时统计设置。

【能力目标】

（1）根据零件的条件，掌握逻辑检测程序；

（2）熟练掌握条件检测设置；

（3）熟练掌握耗时统计设置。

【素养目标】

（1）学生应该具备准确、快速的工作精神；

（2）学生应该具备探索新思路、新研究、新方法的科研精神。

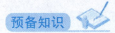

一、逻辑工具的介绍

1. 什么是逻辑工具

所谓工具，就是当人们想要达到一种目的时，需要解决人与物的普遍联系问题，这种普遍联系的思维表达就是"逻辑"，逻辑的理论化就是"理念"，而"逻辑和理念"的物质化，就是工具。

2. 逻辑工具的介绍

在 VisionMaster 软件中，逻辑运算可用于将多模块的输出结果进行综合判断，包含运算类型和运算数据，如图 6-1 所示。

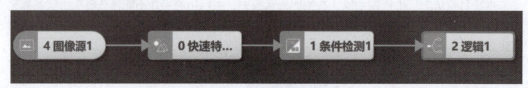

图 6-1　逻辑工具

双击逻辑模块，可进入模块内编写程序，如图 6-2 所示。

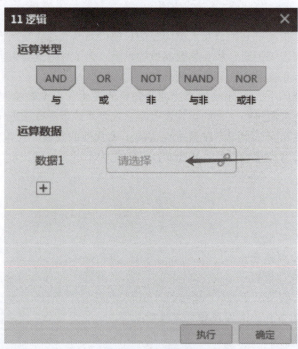

图 6-2　逻辑模块

运算类型：包括与、或、非、与非、或非。

运算数据：选择数据来源进行逻辑运算。

二、条件检测

1. 什么是条件检测

一个原子条件是一个不包含逻辑运算符 NOT、AND 或 OR 的条件，如果在程序内的所有条件都仅仅是一个原子条件，则相应的简单条件测试对应为判定测试。

2. 条件检测模块介绍

如图 6-3 所示，在 VisionMaster 中，条件检测模块位于逻辑工具中。

条件检测模块判断输入的数据是否满足条件，若满足，显示 OK 字符；否则，显示 NG 字符，如图 6-4、图 6-5 所示。

图 6-3　条件检测位置

图 6-4　条件检测参数

3. 条件检测参数介绍

如图 6-6 所示，判断方式分为全部与任意，所表达的意思都为对判断条件中所有判断结果进行逻辑或运算，所以一般都选择全部。

如图 6-7 所示，条件类型有 int 和 float 两种，不同的类型只能绑定与其对应的数据。

int 代表整数，一般来说（以 4 字节为准，不同语言或不同处理器架构可能有所不用），范围为-2，147，483，648 到 2，147，483，647，除此之外代表整数的还有 byte，short，long，分别代表不同范围的整数。

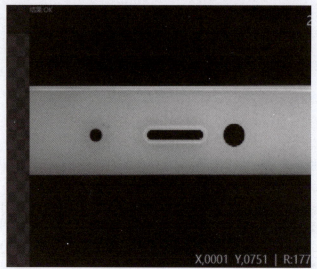

图 6-5　条件检测结果

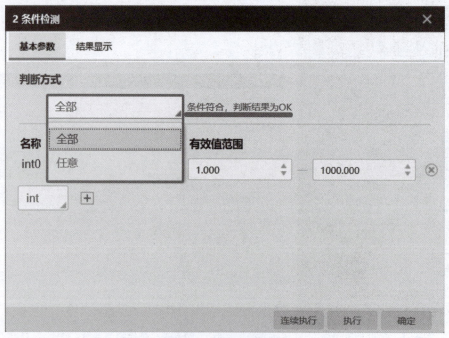

图 6-6　判断方式选择

　　float 代表单精度浮点数（小数），一般来说范围为 1.2E–38 到 3.4E+38，与之相对的是双精度浮点数 double，范围为 2.3E–308 到 1.7E+308。

　　条件可选择绑定前面模块的模块状态或者其他的一些结果输出，如图 6-8 所示。

　　有效值为你的判断条件，在最小值至最大值范围内的判定为 OK，否则判定为 NG，如图 6-9 所示。

图 6-7　条件类型选择

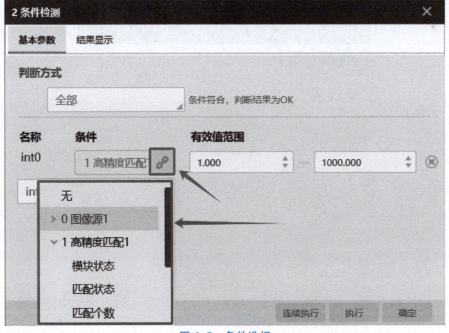

图 6-8　条件选择

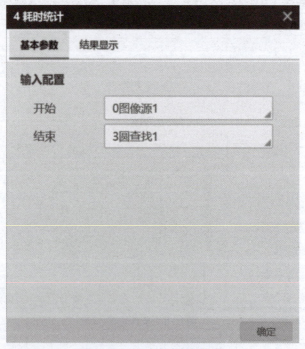

图 6-9　有效范围

三、耗时统计

什么是耗时统计

在工厂生产中，有效生产可以大幅减少生产时间以及工厂成本，为此我们需计算出时间最短、效率最高的工艺。因偏差都在毫秒，肉眼无法识别，这时就要用到耗时统计来进行判断，如图 6-10 所示。

图 6-10　耗时统计参数设置

开始为统计计时的模块到另一个模块的起点。

结束为统计计时的模块到另一个模块的终点。

四、脚本

1. 什么是脚本

脚本是一段程序代码，可以由任意语言编写，解决需要重复操作或者按时执行的问题，运行在各种终端设备上，包括手机、电脑、服务器等。

2. 脚本模块介绍

使用脚本工具可以进行相关复杂的数据处理。脚本模块可保存和加载已编写的脚本内容，脚本文件的后缀为 cs。脚本代码长度无限制，支持导入、导出。导入完成后模块将执行一次编译，编译失败后将提示执行异常，编译成功后将按照新代码运行。参数配置如图 6-11 所示。

输入变量：为脚本模块所绑定的模块传输值。

变量名：为输入变量创建的名字。

类型：根据输入值进行类型区分，包括整数、浮点数、线、图像、字节。

初始值：为绑定的模块传输进来的值。

编程区域为 C#编程，可自由编写自己所需要的程序，但需注意，编写程序的格式需规范，编写完的程序可预编译进行格式校验，如图 6-12 所示。

图 6-11　脚本模块

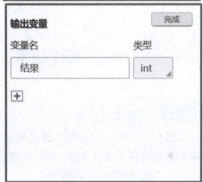

图 6-12　脚本编程展示

五、视觉检测流程图

视觉检测流程图如图6-13所示。

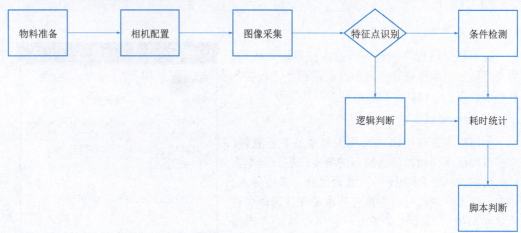

图6-13 视觉检测流程图

工作任务——产品后盖有无检测

任务要求

如图6-14所示，在生产激光测距仪中，检测产品的合格是重中之重，需检测电池盖板的有无，如果使用人工框测就大幅增加了成本及耗时。请对通过本任务所学的模块进行比较，挑选出效率更高的检测程序。

图6-14 激光测距仪

任务实施

步骤1：配置逻辑模块与耗时统计模块参数

如图6-15、图6-16所示，选择高精度匹配个数，如果个数大于或等于1，识别结果为

OK，则代表识别到零件，如果个数小于 1，识别结果为 NG，则代表没有识别到零件。

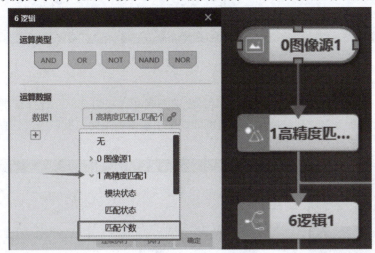

图 6-15　逻辑模块配置

图 6-16　逻辑模块结果现实

　　在进行耗时统计模块配置时，需注意选择开始与结束，最后结果会显示总耗时，如图 6-17、图 6-18 所示。

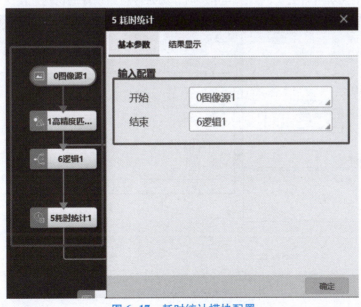

图 6-17　耗时统计模块配置

执行序号	时间	模块数据
2	2024-04-29 14:24:10:168	模块状态:1,耗时:24.3847(ms)

图 6-18　耗时结果显示

步骤 2：配置条件检测识别有无

如图 6-19 所示，配置条件检测模块时，先选择判断方式为全部，选择所绑定的条件时需注意，我们判断有无电池盖是通过高精度的匹配个数来确定的，所以条件选择高精度匹配个数，以及有效范围大于 1 即可。

图 6-19　条件检测模块配置

步骤 3：脚本编写

脚本编程及完整流程图如图 6-20、图 6-21 所示。因为我们所计时的数值为小数，这时需注意创建的输入变量类型设置为 float（浮点数），输出变量以 1、2 来表达，如果等于 1 时，则逻辑检测模块用时更快，如果等于 2 时，则条件检测模块的识别速度更快。

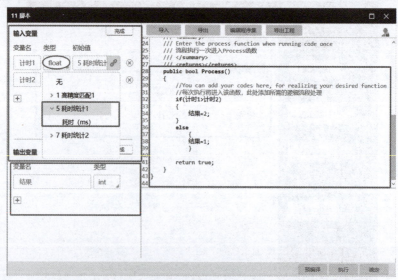

图 6-20　脚本编程

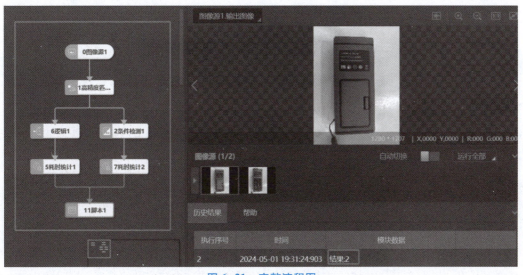

图 6-21　完整流程图

在脚本 C#编程中，先用 if 来判断创建的输入值，如果逻辑检测 1 大于条件检测 2，则逻辑检测 1 的用时比条件检测 2 久，如果 if 判断中逻辑检测 1 没有大于条件检测 2，就要用到 else（否则）来进行编写，即如果逻辑检测 1 没有大于条件检测 2，则逻辑检测 1 的速度比条件检测 2 的速度更快。

任务评价

评价表（满分 100 分）				
评价项目	评价分值	教师评价（50%）	评价分值	自我评价（50%）
步骤 1：设置逻辑检测模块	10		10	
步骤 2：设置条件检测模块	10		10	
步骤 3：脚本计时比较	30		30	
综合评价				

拓展任务

如图 6-22、图 6-23 所示，在矿泉水瓶盖密封时，密封圈可能漏安装，将导致瓶内的水发生变质，为了避免这种情况发生，请根据本任务所学的知识，编写出合理的程序，准确判断出有无密封圈。

图 6-22　无密封圈

图 6-23　完整密封圈

任务二　瓶内液体检测

任务引入

中国是一个制造大国，每天都要生产大量的工业产品。用户和生产企业对产品质量的要求越来越高，除要求满足使用性能外，还要有良好的外观，即良好的表面质量。但是，在制造产品的过程中，表面缺陷的产生往往是不可避免的。不同产品的表面缺陷有着不同的定义和类型，一般而言，表面缺陷是产品表面局部物理或化学性质不均匀的区域，如金属表面的划痕、斑点、孔洞，纸张表面的色差、压痕，玻璃等非金属表面的夹杂、破损、污点，等等。表面缺陷不仅影响产品的美观和舒适度，而且一般也会对其使用性能带来不良影响，所以生产企业对产品的表面缺陷检测非常重视，以便及时发现，有效控制产品质量，还可以根据检测结果分析生产工艺中存在的某些问题，从而杜绝或减少缺陷品的产生，同时防止潜在的贸易纠纷，维护企业荣誉。

学习目标

【知识目标】

（1）了解位置修正参数设置；

（2）了解几何创建参数设置。

【能力目标】

（1）掌握位置修正的设置；

（2）掌握几何创建的设置。

【素养目标】

（1）增强学生对企业生产的了解，开阔自己的视野；

（2）维护国家技术安全、为国家技术尽一份力量。

预备知识

一、位置修正

1. 位置修正的定义

通常，要检测在生产线上移动的工件，必须具备位置修正功能。位置修正功能中，可以对修正源窗口（比较基准图像与当前图像，计算位置偏移量的检测框）和修正对象窗口（接收修正源窗口修正量的检测框）进行组合设定。为了实现多窗口联动的视觉系统（运算），需要理解动作原理，根据目的进行设定。下面将从"坐标轴""旋转角度"原理的角度，对位置修正作说明，如图6-24所示。

2. 位置修正的参数

基准点、基准框是创建基准时特征匹配的匹配点、匹配框。运行点、运行框是目标图像特征匹配时的匹配点、匹配框。根据基准点与运行点可以确定图像的像素偏移，根据基准框与匹配框可以确定角度偏移，就能让 ROI 区域跟上图像角度和像素的变化。位置修正的使用示意图如图 6-25 所示。

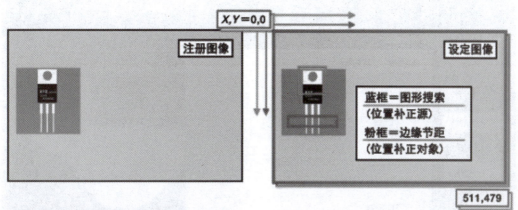

图形倾斜偏离注册图像，向下移动

图形搜索在此追踪工件，位置补正对象窗口根据图形搜索偏离注册图像的移动量，改变（补正）位置。
内部处理中，并非是位置补正对象窗口发生移动，而是在位置补正对象窗口的坐标轴上挪动相当于移动量的距离，实施处理。

蓝框＝图形搜索
（位置补正源）

粉框＝边缘节距
（位置补正对象）

位置补正，是指根据补正源窗口注册图像的变化，改变补正对象窗口坐标轴的功能。

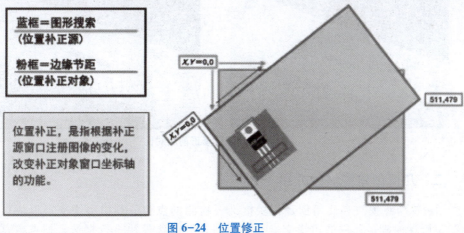

图 6-24 位置修正

　　位置修正有两种方式，分别是按点修正与按坐标修正。按点修正，点的位置已经确定；按坐标修正则是用 x，y 来确定点的位置。需要注意的是，不论是点还是坐标，它的位置信息都是从上一个模块传递过来的，它的作用是用来确定像素和角度的偏移。

　　通过一组对比图展示位置修正的作用，如图 6-26 所示。

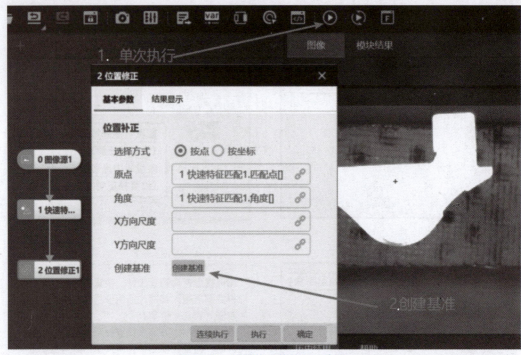

图6-25　位置修正的使用示意图

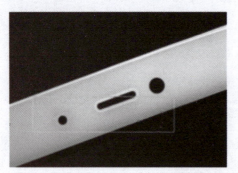 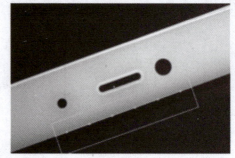

图6-26　位置修正前后对比

二、几何创建模块的介绍

　　用边缘交点模块和几何创建模块框选要检测的点位，其中边缘交点模块可以检测出指定区域内满足条件的边缘交点，随后用几何创建模块进行框选，把点信息和面信息都输入到 Group 循环当中，在 Group 中创建深度图统计测量模块和点面测量模块进行测量，得到多个点到拟合平面的距离，通过数据集合收集检测到的点面距离并以集合形式输出。

　　使用该模块可以自由创建多个辅助图形，最多支持同时创建 32 个，当前支持矩形、点、线段和圆。当有些图形定位较难时可通过鼠标移动或者修改 X、Y 坐标来改变生成图形的位置，如图 6-27 所示，圆查找不好定位的白色圆轮廓可以自己创建。

　　如图 6-28 所示，1 为绘制矩形、2 为绘制点、3 为绘制直线、4 为绘制圆形，我们在图 6-27 中就用到了 4 圆形的绘制。

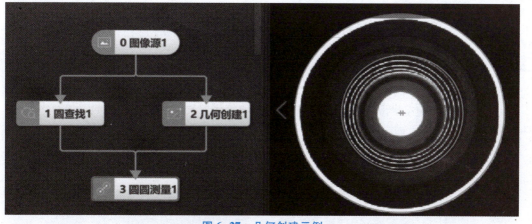

图 6-27　几何创建示例

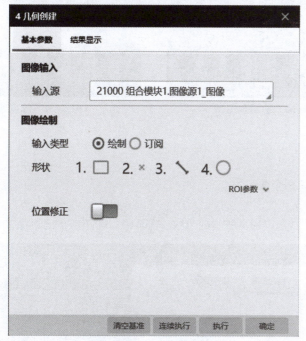

图 6-28　几何参数设置

三、视觉检测瓶内液体流程图

视觉检测瓶内液体流程图如图 6-29 所示。

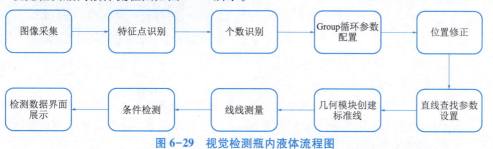

图 6-29　视觉检测瓶内液体流程图

工作任务——液体液面检测

如图 6-30 所示，该图为生产线中工业相机的拍摄照片，该图中瓶内的液体有多有少，为了识别出合格的产品，我们设置了一个标度线，如图 6-31 所示，在标度线 30~70 距离的产品识别结果都为 OK，超出距离的为 NG。请通过我们所学习的模块进行编程，识别出合格与不合格的产品。

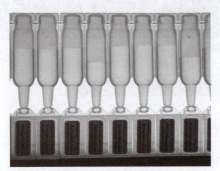

图 6-30　检测示例图

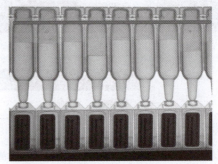

图 6-31　标度线

任务实施

步骤一　设置识别个数

（1）模板匹配

如图 6-32 所示，先识别出瓶子的个数。需注意，需用瓶口的边缘准确判断。

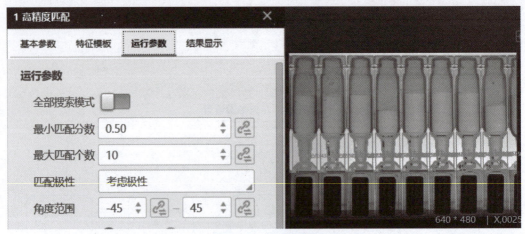

图 6-32　识别个数

（2）循环设置

在 Group 模块中设置所需要的输出，勾选出图像源中的图像、高精度匹配中的角度与匹配点，如图 6-33 所示。需在循环设置选项卡下设置循环的次数，用我们所识别出的匹配个数来作为循环次数，如图 6-34 所示。

图 6-33　输入设置　　　　　　　　　图 6-34　循环次数设置

步骤 2：Group 模块内部编程

（1）位置修正设置

打开 Group 模块，在定位中找到位置修正模块，如图 6-35 所示。

如图 6-36 所示，配置位置修正参数，需注意，在原点与角度的参数中，不单单要选择高精度匹配点，还需在高精度匹配点的括号内选择循环索引，否则不会进行循环，只会识别到第一个目标点。

（2）直线查找设置

如图 6-37 所示，在图片中绘制出瓶内液体的平面作为测量线，但是需注意，我们这时候所用的基点在哪，就在哪个瓶内绘制直线，还需打开位置修正，绑定的模块为我们刚刚设置好的位置修正模块。

另外，需设置运行参数，如图 6-38 所示，使我们识别出来的直线更加稳定。

（3）几何创建

在我们的任务要求中提到为了区分合格与不合格产品，所建立了标准线，所以我们使用几何创建就是为了在软件中绘制出这个标准线，如图 6-39 所示。需注意，因为相机是固定的，拍照不需要移动，所以产线也是固定的，不会上下移动，因此我们不需要设置位置修正。

（4）线线测量

这时我们已经有了标准线位置与瓶内液体表面位置，可测量两条线中间的距离了，但是还需注意合格产品距离为 30~70，因此还要在结果显示中设置距离判断，如图 6-40、图 6-41 所示。

图 6-35　位置修正模块的位置

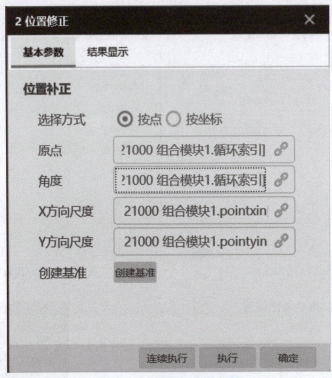

图 6-36　位置修正参数设置

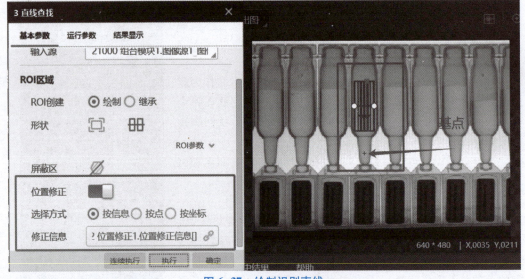

图 6-37　绘制识别直线

　　此时可以检测出合格与不合格的产品，但是判断的结果为 0、1，为了使结果更加规范，需加入条件检测，配置条件检测参数，因为线线测量的结果为 0、1，所以我们在配置条件检测参数时所设置的条件大于或等于 1 即可，如图 6-42 所示。

步骤 3：完整程序

最终程序与展示如图 6-43、图 6-44 所示。

学习笔记

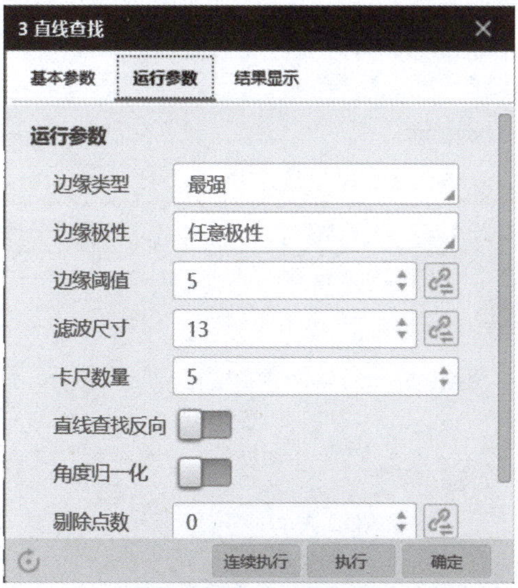

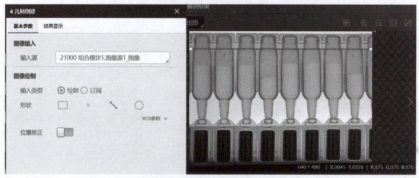

图 6-38　运行参数设置

图 6-39　标准线绘制

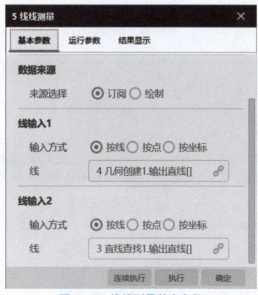

图 6-40　线线测量基本参数

图 6-41　结果判断设置

图 6-42　条件检测

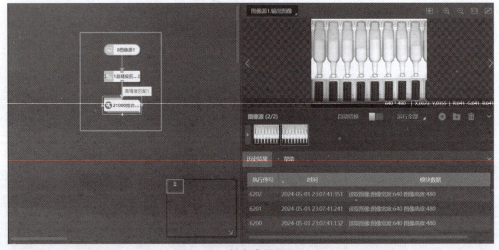

图 6-43　程序成果展示（1）

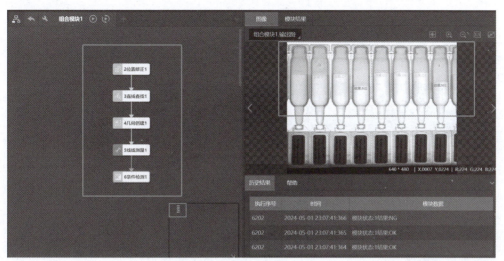

图 6-44　程序成果展示（2）

 任务评价

评价表（满分 100 分）				
评价项目	评价分值	教师评价（50%）	评价分值	自我评价（50%）
步骤 1：设置位置修正	20		20	
步骤 2：设置几何创建	20		10	
步骤 3：线线测量	10		20	
综合评价				

拓展任务

为了在人工返修中提高效率，根据所学知识，准确检测出图 6-45 中划痕的具体位置。

图 6-45　平面划痕

项目七　机器视觉系统综合训练

任务一　物料分拣

任务引入

物料分拣是一个结合了机器视觉技术和自动化分拣系统的过程，旨在实现对物料的高效、准确分拣。机器视觉技术通过图像采集设备（如工业相机）获取物料的图像信息。这些图像经过预处理以去除噪声、提高对比度和清晰度，为后续的特征提取和识别打下基础。利用图像处理算法可对预处理后的图像进行特征提取。这些特征可以包括物料的形状、大小、颜色、纹理等。通过特征提取算法，计算机可以准确地识别出不同类别的物料。在特征提取的基础上，使用机器学习算法（如卷积神经网络 CNN）对物料进行分类。这些算法通过训练大量样本数据，学习如何区分不同类别的物料。训练好的模型可以对新采集的物料图像进行实时识别和分类。

学习目标

【知识目标】

学习物料分拣方案设定。

【能力目标】

完成物料分拣方案设计及步骤。

【素养目标】

（1）通过企业成就激发学生的学习动机；

（2）培养学生敬业、负责、严谨、认真的职业精神。

预备知识

一、视觉系统需求分析

本机器视觉系统需满足以下需求：

1）能够实时捕捉生产线上的产品图像；

2）对产品进行准确识别与分类；

3）检测产品颜色偏差；

4）与生产线上的其他设备实现无缝对接；

5）系统稳定性高，可长时间运行。

二、硬件设备选型

根据需求分析，本系统选用以下硬件设备：

1）工业相机：具有高分辨率、高帧率、低噪声等特点，适用于生产线环境；

2）镜头：根据产品特性和生产环境，选择合适的焦距和视场角；

3）光源：根据产品材质和颜色，选择适当的光源类型和颜色，确保图像质量；

4）计算机：选用高性能计算机，确保图像处理速度和稳定性。

三、软件架构与算法

软件架构采用模块化设计，便于后期维护和扩展。主要算法包括：

1）图像预处理：去除噪声、增强对比度等；

2）特征提取：提取产品的形状、颜色、纹理等特征；

3）分类与识别：利用机器学习算法进行产品分类与识别；

4）缺陷检测：通过比较预设的标准与实际图像，检测产品缺陷；

5）尺寸测量：利用图像处理技术，测量产品尺寸。

四、系统集成与测试

系统集成主要包括硬件设备连接、软件环境搭建、接口开发等。测试阶段将对系统的各项功能进行逐一验证，确保满足项目需求。

五、性能评估与优化

系统性能评估将包括识别准确率、处理速度、稳定性等方面。根据评估结果，对算法和硬件进行优化，提升系统性能。

六、项目风险与对策

项目可能面临的风险包括技术难题、设备供应延迟、人员变动等。针对这些风险，我们将采取以下对策：加强技术攻关，提前解决可能出现的难题。

总之，本机器视觉项目方案设计旨在满足生产线上产品的识别、分拣与检测需求，通过合理的硬件设备选型、软件架构与算法设计、系统集成与测试以及性能评估与优化，确保项目的顺利实施与部署。同时，我们将密切关注项目风险，并采取相应对策，确保项目顺利进行。

七、视觉检测分拣流程图

视觉检测分拣流程图如图 7-1 所示。

图 7-1 视觉检测分拣流程图

工作任务——物料分拣

任务要求

类别	暂命名	分辨率	帧率/fps	曝光模式	颜色	芯片大小	像元大小	接口	像素
2D 相机	相机 A	1280×1024	>20	全局	黑白	1/2″	4.8 μm	USB	130 万
2D 相机	相机 B	2592×2048	>20	全局	黑白	2/3″	3.2 μm	GigE	500 万
2D 相机	相机 C	2592×1944	>20	卷帘	彩色	1/2.5″	2.2 μm	GigE	500 万
3D 相机	相机 D	1280×1024	/	/	/	/	/	GigE	130 万

类别	暂命名	支持分辨率（优于）	焦距/倍率	最大光圈	工作距离	支持芯片大小
工业镜头	镜头 A	500 万 px	8 mm	F2.8	>100 mm	2/3″
工业镜头	镜头 B	500 万 px	16 mm	F2.8	>100 mm	2/3″
工业镜头	镜头 C	500 万 px	25 mm	F2.8	>100 mm	2/3″
远心镜头	镜头 D	500 万 px	0.3X	F2.8	140 mm	2/3″

类别	暂命名	主要参数	颜色
环形光源	环形光源	直射环形，发光面外径 120 mm，内径 60 mm	W
背光源	背光源	发光面积 180 mm×150 mm	W
同轴光源	同轴光源	发光面积 60 mm×60 mm	RGB
AOI 光源	AOI 光源	外径 100 mm，厚度 41 mm，中间孔径 31 mm	RGB

序号	工作地点	工作距离	视野范围	识别精度	物料盘规格
1	室内	280~320 mm	≥180 mm×160 mm	优于 0.1 mm	390 mm×270 mm

　　根据视觉方案的选型结果，更换相机、镜头、光源等光学元器件。根据物料盘的标注信息，由人工手动将圆形物料 A（φ16 mm×20 mm）、圆形物料 B（φ16 mm×20 mm）、圆形物料C（φ16 mm×20 mm）3 种物料随机、散乱摆放至物料盘的对应分区中。请根据要求完成对应类型物料的识别及分拣，包括形状、颜色、位姿识别，引导执行机构分拣至指定区域。

任务实施

步骤1：

1）相机选型：已知待测视野不小于 180 mm×160 mm，要求精度为 0.1 mm。

　　计算方法：（180/0.1）×（160/0.1）= 288 万 px，相机分辨率至少为 288 万 px，为减少边缘提取时像素偏移带来的误差，提高系统的精确度和稳定性，实际使用中一般用 2~3 px 对应一个最小缺陷特征，则相机分辨率为 288 万×3 = 864 万 px。

　　提供的相机有 130 万 px 相机、500 万 px 相机，130 万 px 3D 相机，所以选择 500 万 px

相机。

2）镜头选型：

①已知相机为 MV-CU050-30GC（分辨率 2592×1944，像元尺寸 2.2 μm×2.2 μm），视野为 180 mm×160 mm，工作距离为 280~320 mm。

计算方法：

CCD 长、宽尺寸：

CCD 长度＝2592×2.2/1000＝5.7024 mm

CCD 宽度＝1944×2.2/1000＝4.2768 mm

计算光学放大倍率：

光学放大倍率＝CCD（V）/视场（V）＝5.7024/180＝0.03168 倍

计算焦距：

焦距＝物距×光学放大倍数＝280×0.03168＝8.8704 mm

提供的焦距有 8、16、25 和 0.3X 远心镜头，所以选择 8 mm 焦距。

②已知相机为 MV-CS050-20GM（分辨率 2592×2048，像元尺寸 3.2 μm×3.2 μm），视野为 180mm×160mm，工作距离为 280~320mm，镜头为 8mm 焦距镜头，要求精度为 0.1mm。

计算方法：

计算实际光学放大倍数、视野长度、视野宽度：

实际光学放大倍数＝焦距/物距＝8/300＝0.0267 倍

实际视野长度＝CCD 长度/实际光学放大倍数＝5.7024/0.0267＝213.6 mm

实际视野宽度＝CCD 宽度/实际光学放大倍数＝4.2768/0.0267＝160.2 mm

计算单像素精度：

单像素精度＝视野长度/CCD 长度方向有效像素个数＝213.6/2592＝0.0824 mm

3）光源选型：根据工作地点为室内，拍摄的物体在相机下面，还需识别颜色，为了避免反光，选择环形光源。

最终确定选型：8 mm 焦距镜头、搭配 500 万 px 彩色相机以及环形光源，物距 300 mm 情况下可以达到 213.6 mm×160.2 mm 的视野，单像素精度 0.0824mm。

步骤 2：

1）检测相机网口及电源是否连接，如图 7-2 所示。

2）控制光源是否能正常调节。

步骤 3：

1）打开软件，用 25 mm 的标定板进行标定，记录偏差值，如图 7-3 所示。

2）因为选择彩色相机，在高精度设置前加入一个颜色转换，如图 7-4 所示。

3）高精度匹配模型，如图 7-5 所示。

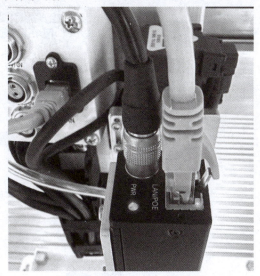

图 7-2　相机网口及电源连接

图 7-3 记录偏差值

图 7-4 颜色转换

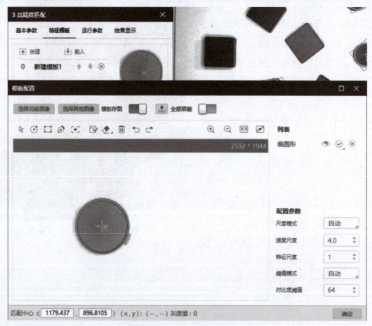

图 7-5 高精度匹配模型

4）同时也需要得到圆形工件的颜色，仅靠模板只能定位坐标，无法判断颜色，所以需要用颜色识别来找颜色。因为物料数量不定所以我们需要做一个循环判断，识别到几个物料就判断几次。

输入设置及循环设置如图 7-6 所示，因为颜色判断需要彩色图，所以输入图像为图像源的输出图像，又因为匹配到的坐标位置就是圆形所在位置，我们就是依靠该坐标来判断该位置的圆形工件的颜色，所以需要将该坐标位置输入 Group 工具中。

循环次数由上文中匹配到的圆形工件数量来决定，因此循环结束标志为特征匹配个数。

图 7-6　组合模块参数

5）如图 7-7 所示，第一步加载图像，加载事先保存的彩色输入图像；第二步添加标签，如图添加了三个标签分别代表黄色、红色和蓝色，一类物体可以放入同一个标签内，当样本打标错时可以将样本移动到正确的标签中；第三步框选掩膜，将目标物体框选出来；第四步添加标签，将上一步中框选的目标物体添加至对应的标签中。建模完成后可以调节模板参数，调节好之后保存模型，后续使用可以直接加载模型文件。

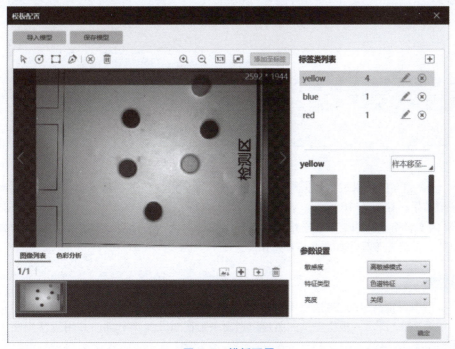

图 7-7　模板配置

6）通过使用变量计算模块标定出偏差，用实际点位×偏差为真实点位，如图7-8所示。

图7-8　变量计算

7）通过数据格式化选择需要的数据，根据要求，我们需知道对应的颜色及 X、Y 的坐标点位，对应选择数据，如图7-9所示。

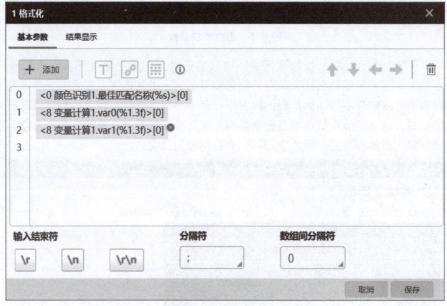

图7-9　基本参数

8）通过编写的结果进行数据整合，选择数据集合模块，选择格式化信息，在 Group 中添加输出结果，如图7-10所示。

9）因要将所检测的信息发送给机构，选用发送模块，选择建立的通信设备，选择数据集合模块，最终完整程序如图7-11所示。

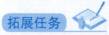
拓展任务

在工厂中，食品包装袋的条形码、生产日期可能会出错，这时需用到机器视觉设备进行检测，如图7-12所示，根据提供的图片识别出条形码以及生产日期，并用程序判断出条形码扫描信息是否一致。

图 7-10 输出结果

图 7-11 完整程序

图 7-12 食品外包装示意图

任务二　胶囊板检测

任务引入

胶囊板检测主要指利用机器视觉技术来检测胶囊的外观和质量。机器视觉是人工智能的一个快速发展分支，它可以通过图像传感器获取目标图像，将图像转换为计算机能够识别和处理的数字信号，并通过算法对图像进行分析和处理，从而实现对目标的测量、判断以及字符检测。

学习目标

【知识目标】

（1）如何选中区域图像特征；

（2）如何通过模块判断进行模块分支。

【能力目标】

（1）能够识别出特定图像的个数及匹配点；

（2）能够完成胶囊检测的任务编程。

【素养目标】

（1）通过企业成就激发学生的学习兴趣；

（2）培养学生敬业、负责、严谨、认真的职业精神。

预备知识

1. 灰度匹配参数介绍

1）灰度匹配以图像各个像素点的灰度为基础建立模板，匹配灰度相近的目标物体。当多目标物形状相近，灰度差异较大或者图像比较模糊、轮廓点不清晰时使用灰度匹配能够实现精准的匹配定位，如图7-13所示。

灰度匹配可根据所选区域的特征进行匹配，所选区域的图像不需要太清楚，识别是根据图像大致参数进行判断的。

2）软件模块参数介绍：

①金字塔层数：模板建立图像金字塔的最高层数，层数越高，搜索速度越快，漏匹配概率越大。但不建议设置在3层以下，范围为1~8。

②角度步长：在带有角度自由度的匹配中，角度步长为每次搜索时旋转的角度步长，值越大搜索速度越快，漏匹配概率越大。

③起始角度：模板匹配时，需设置目标的角度范围。该参数可设置角度范围中的起始角度。

④终止角度：模板匹配时，需设置目标的角度范围。该参数可设置角度范围中的终止角度。配置参数如图7-14所示。

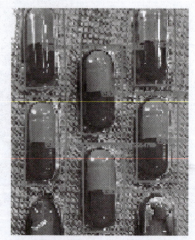

图7-13　灰度匹配参数

图7-14 配置参数

⑤最小匹配分数：匹配分数指特征模板与搜索图像中目标的相似程度，即相似度阈值，搜索到的目标在相似度达到该阈值时才会被搜索到，最大是1，表示完全契合。

⑥最大匹配个数：允许查找的最大目标个数，范围是1～1000。

⑦角度范围：表示待匹配目标相对于已创建模板的角度变化范围，若要搜索有旋转变化的目标则需要对应设置，默认范围是-45°～45°。

⑧最大重叠率：当搜索多个目标且两个被检测目标彼此重合时，两者匹配框所被允许的最大重叠比例，该值越大则允许两目标重叠的程度就越大，范围是0～100。

⑨排序类型：能够根据"分数""角度""X""Y"等选择排序类型。运行参数如图7-15所示。

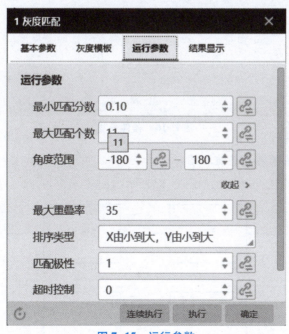

图7-15 运行参数

⑩匹配极性：极性表示灰度模板图像与匹配图像内部的图像过渡情况，当搜索图图像颜色的过渡情况与模板图像的过渡情况不一致但仍要保证目标被查找到时，应选择不考虑极性。一般情况，选择考虑极性。

⑪超时控制：规定搜索时间，当时间超过超时控制所设置时间时就会停止搜索，不返回任何搜索结果，取值范围为 0~10000，单位为 ms，0 指关闭超时控制功能。

2. 条件分支模块

条件分支模块结合条件检测和分支模块的功能，当订阅的条件符合要求时执行设定的模块。前提条件是分支模块前面有 1 个以上模块或者条件分支模块后面有 1 个以上模块直接与其连线。

操作步骤：

1）双击条件分支模块，进入参数编辑窗口。

2）根据实际需求选择需判断条件的类型，可选 int 或 float。

3）单击添加一条数据。

4）通过条件的订阅，根据实际需求订阅前序模块中需作为判断条件的数据来源。

5）设置判断为有效值范围的区间。当条件数据在该范围内时为 OK，否则为 NG。

6）设置执行模块的判断依据，OK 还是 NG 的情况下执行选择的后序模块。

7）设置选择满足条件时需执行的模块 ID，只能选择条件分支模块后面直接连接的模块。

8）单击"执行"或"连续执行"按钮可查看运行结果，如图 7-16 所示。

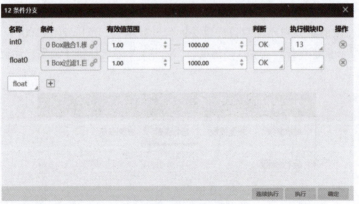

图 7-16　条件分支

3. 视觉系统胶囊检测任务流程图

视觉系统胶囊检测任务流程图如图 7-17 所示。

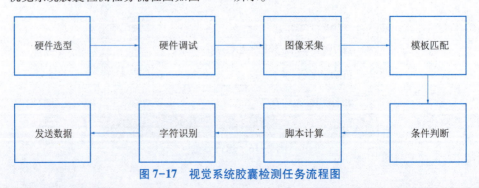

图 7-17　视觉系统胶囊检测任务流程图

工作任务——胶囊板检测

任务要求

如图 7-18 所示，机器视觉系统可以测量胶囊的尺寸和形状，确保它们符合规定的标准。这有助于消除生产过程中的误差，提高产品质量，在放置胶囊时，可能会出现漏放，因此需同时记录胶囊板的条形码并发送给对应设备。

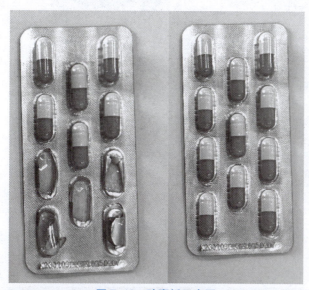

图 7-18　胶囊板示意图

任务实施

步骤 1：

选择本地图片，添加所提供胶囊板的图片，需注意选择 MONO8 的黑白像素格式，因灰度匹配不适用于彩色像素格式，如图 7-19 所示。

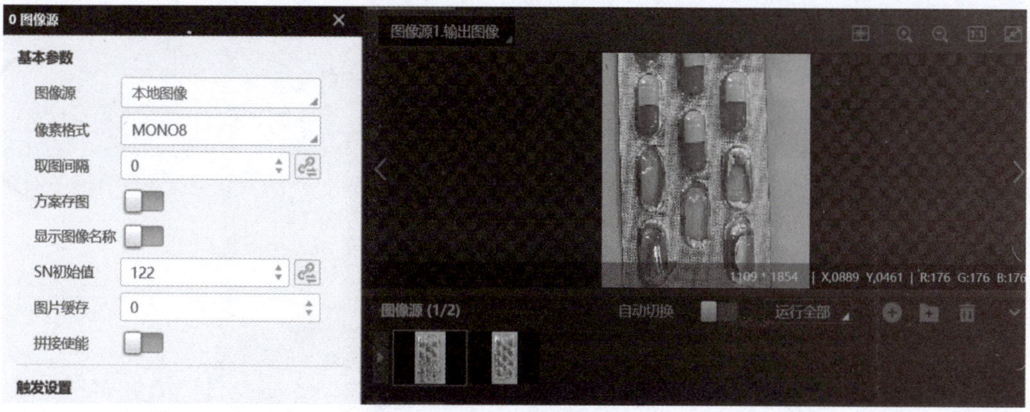

图 7-19　基本参数

步骤 2：

1）在灰度模板中选择一个特征明显的胶囊，框选出目标胶囊的区域，如图 7-20 所示。

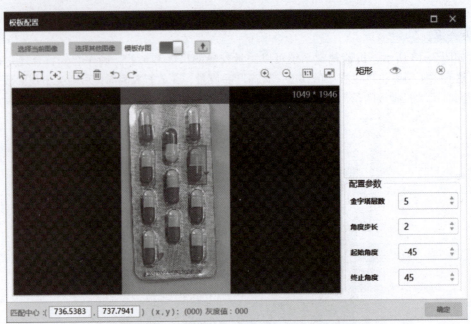

图 7-20　模板匹配

2）设置匹配个数，同时需注意角度范围设置，如图 7-21 所示。

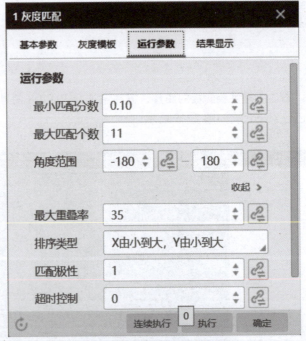

图 7-21　灰度匹配运行参数

3. 条件分支及计算

在条件分支中用灰度匹配的匹配个数进行判断，当匹配个数等于 11 时，执行模块 4，发送给设备记录信息，否则执行模块 5，进行脚本计算，计算出缺少的数量后发送给设备，如图 7-22 所示。

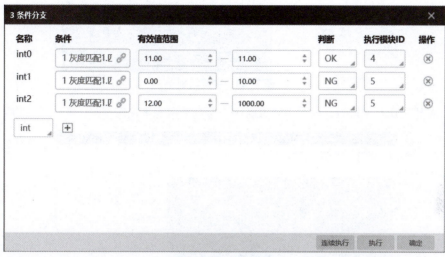

图 7-22　条件分支

编辑脚本时需注意，因为所判断的数据均为整数，所以选择输入变量为 int 型数据类型，在订阅模块中选择灰度匹配个数，然后创建输出值，作为计算出的缺数量，初始值为 0，如图 7-23 所示。

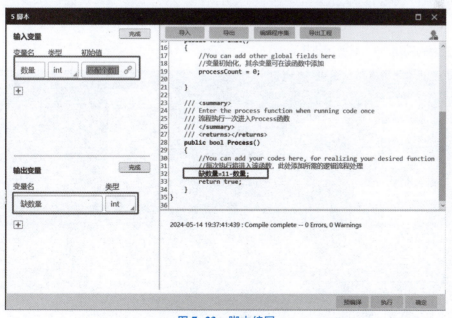

图 7-23　脚本编写

4. 字符记录

1）选择字符识别模块，框选出识别字符范围，如图 7-24 所示。

图 7-24 字符识别

2）在我们识别字符时，因为中间有汉字，所以分两步来训练字符，如图 7-25 所示。

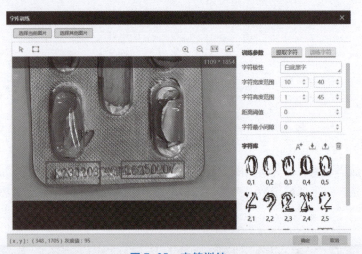

图 7-25 字符训练

完整程序如图 7-26 所示。

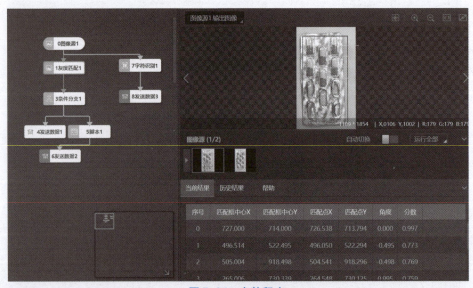

图 7-26 完整程序

拓展任务

我们完成了胶囊缺陷检测，如果需把缺少胶囊的板进行分类，缺少数量小于两个胶囊的为一类，缺少数量大于两个的为一类，应如何进行脚本编程，以及把分类信息发送给外部机构？

任务三　齿轮尺寸测量

任务引入

在机器视觉应用中，圆拟合是一项重要的任务，它涉及从图像数据中提取圆形特征并进行精确的数学描述。VisionMaster 作为一款先进的机器视觉软件，能够高效地执行圆拟合任务。本任务的目标是利用 VisionMaster 软件对图像中的圆形物体进行识别，并通过圆拟合算法获取其精确的圆心坐标和半径等参数。

学习目标

【知识目标】
理解通过齿轮外径如何生成一个圆形。

【能力目标】
完成圆拟合图像输出。

【素养目标】
(1) 通过企业成就激发学生的学习兴趣；
(2) 培养学生敬业、负责、严谨、认真的职业精神。

预备知识

一、圆拟合与直线拟合

1. 圆拟合

基于三个及以上的已知点拟合成圆，如图 7-27 所示，先检测顶点形成点集后拟合成圆。

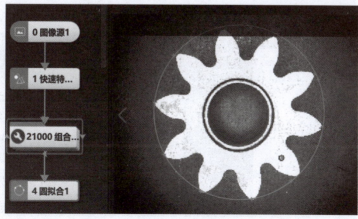

图 7-27　圆拟合

参数介绍：

1）图像输入：通常是选择采集到的图像。

2）拟合点：选择流程中采集到的点集作为拟合来源。

3）剔除点数：误差过大而被排除不参与拟合的最小点数量。一般情况下，离群点越多，该值应设置得越大，为获取更佳查找效果，建议与剔除距离结合使用。

4）剔除距离：允许离群点到拟合圆的最大像素距离，值越小，排除点越多。

5）初始化类型：有全局法和局部最优两种。

6）权重函数：有最小二乘、Huber 和 Tukey 三种。三种拟合方式只是权重的计算方式有些差异。随着离群点数量增多以及离群距离增大，可逐次使用最小二乘、Huber、Tukey。

7）最大迭代次数：拟合算法最大执行次数。参数设置如图 7-28 所示。

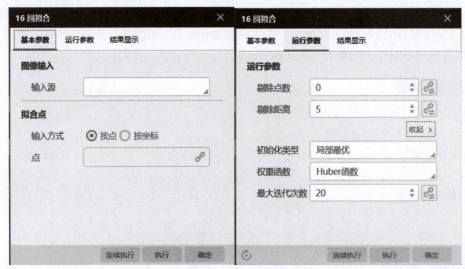

图 7-28　参数设置

2. 直线拟合

直线拟合最少需要两个拟合点，与圆拟合原理类似不再赘述，具体参数参照上述圆拟合，此处仅做演示说明。如图 7-29 所示，以圆为模板进行特征匹配，利用匹配点再拟合成直线。

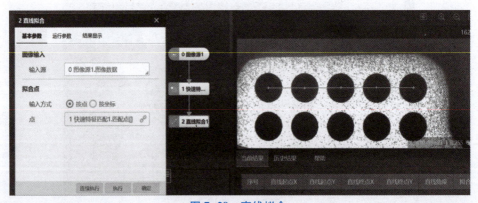

图 7-29　直线拟合

二、圆拟合与直线拟合流程图

圆拟合与直线拟合流程图如图 7-30 所示。

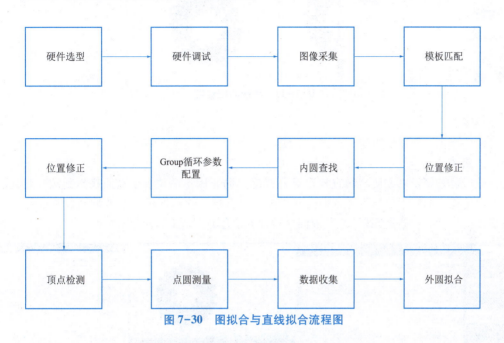

图 7-30　图拟合与直线拟合流程图

工作任务——齿轮尺寸测量

 任务要求

本任务计划通过所学知识，包括图像采集、预处理、特征提取、圆拟合以及结果输出与评估等各个环节完成定位、测量内圆直径、检测所有锯齿到圆心的距离，并求出最大值、最小值、平均值，通过发送外部指令拍照检测，并把检测结果发送出去，如图 7-31 所示。

图 7-31　齿轮外轮廓拟合示意图

任务实施

步骤 1：
配置图像源。

步骤 2：
快速匹配：对齿轮顶点部位进行匹配（可调节 ROI 区域以防检测到其他多余的部分），并调整相关参数以检测到所有齿轮，如图 7-32 所示。

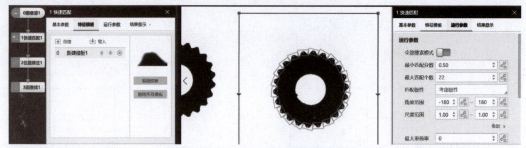

图 7-32　快速匹配参数

步骤 3：

位置修正，使点位跟随。

步骤 4：

进行位置修正以方便"圆查找"进行匹配（防止因产品位置变动而找不到圆，此处利用找齿轮边缘的修正信息可能依旧造成误差，可新建"快速匹配"只匹配圆，并进行"位置修正"，再结合"圆查找"来获取圆更精准的信息），如图 7-33 所示。

图 7-33　圆查找

步骤 5：

添加 Group：进入 Group 循环模块之前设置（扳手图标）好"输入设置"和"循环设置"，输入图像、匹配框、输出圆环的信息，循环结束值为匹配到的个数，如图 7-34 所示。

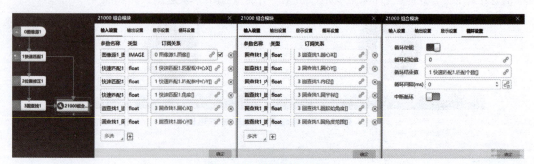

图 7-34　模块组合设置

步骤 6：

进入 Group 循环模块，添加位置修正：位置补正选"按坐标"，原点 X、原点 Y、角度分别链接上输入其中的"快速匹配"模块的匹配框中心 X、匹配框中心 Y、角度。（模块设置内只会执行一次，运行流程按钮将会进行循环并显示所有修正点，后续一样），如图 7-35 所示。

注意：此处一定要在后面的中括号中链接上循环索引（此步骤至关重要）。

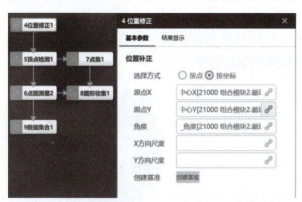

图 7-35　位置修正

步骤 7：

顶点检测：绘制一个矩形框选中一个齿轮顶点部位，选中位置修正并执行以获取所有的顶点，如图 7-36 所示。

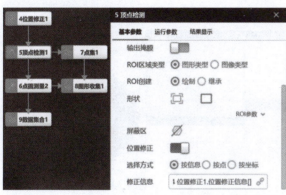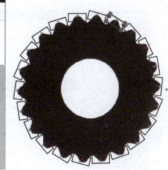

图 7-36　顶点检测

步骤 8：

点圆测量：输入获取到的顶点，并将外部输入的圆的信息依次输入并执行，以获取所有点到圆心的距离，如图 7-37 所示。

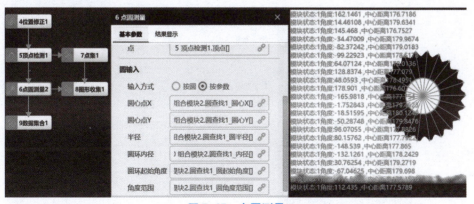

图 7-37　点圆测量

步骤 9：

将获取的顶点信息用点集进行收集，并输出 Group 模块便于进行圆拟合（不使用点集直接输出的顶点信息不能进行圆拟合），如图 7-38 所示。

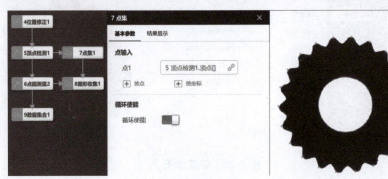

图 7-38　点集

步骤 10：

图形收集将需要显示的信息进行收集，并输出 Group 模块便于（在流程中）进行显示，如图 7-39 所示。

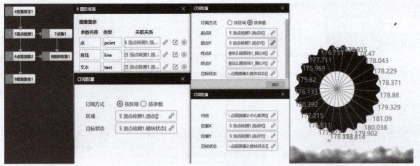

图 7-39　图形收集配置

步骤 11：

数据集合将获取到的所有的圆心到顶点的距离信息进行收集，并输出 Group 模块便于脚本进行处理，如图 7-40 所示。

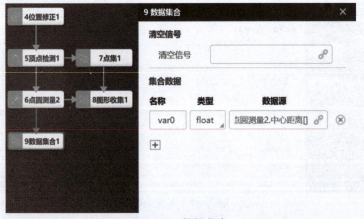

图 7-40　数据集合

步骤 12：

离开 Group 模块，进入 Group 循环模块设置（扳手图标）：配置好"输出信息"和"显示设置"，输出获取的顶点的点集、获取的圆心到顶点的数据集合，显示输出图像收集的点、直线和文本，如图 7-41 所示。

图 7-41　组合模块配置

步骤 13：

圆拟合（此处为自行增加的），输入点集的数据进行拟合圆，如图 7-42 所示。

图 7-42　圆拟合

步骤 14：

脚本编写设置输入 float 类型的数据集合和 int 类型的快速匹配的匹配个数，输出为所有距离、最大值、最小值、平均值和中位数。具体代码如图 7-43 所示（因截图限制，已压缩）。

图 7-43　脚本编写

完整脚本如下：

```
using System;
using System.Text;
```

```
using System.Windows.Forms;
using Script.Methods;
public partial class UserScript:ScriptMethods,IProcessMethods
{
//the count of process
//执行次数计数
int processCount ;

///<summary>
///Initialize the field's value when compiling
///预编译时变量初始化
///</summary>
public void Init()
{
//You can add other global fields here
//变量初始化,其余变量可在该函数中添加
processCount = 0;

}

///<summary>
///Enter the process function when running code once
///流程执行一次进入 Process 函数
///</summary>
///<returns></returns>
public bool Process()
{
//You can add your codes here, for realizing your desired function
//每次执行将进入该函数,此处添加所需的逻辑流程处理
int a = in1;
float[] sun = new float[a];

GetFloatArrayValue("in0", ref sun, out a); //输入

// 对数据进行数据处理输出
float max = sun[0]; //最大值
float min = sun[0]; //最小值
float sum = 0; //总和(计算平均值)

for (int i = 0; i < a; i++)//输出
{
```

```
SetFloatValueByIndex("out0", sun[i], i, a);
sum += sun[i]; //计算总和

if (sun[i] > max)
{
max = sun[i];
}
if (sun[i] < min)
{
min = sun[i];
}
}

float avg = sum / a; //计算平均值
SetFloatValue("Average", avg); //设置平均值

//计算并输出中位数
Array.Sort(sun);
float median;
if (a % 2 == 0)
median = (sun[a / 2 - 1] + sun[a / 2]) / 2;
else
median = sun[a / 2];

SetFloatValue("Max", max);
SetFloatValue("Min", min);
SetFloatValue("Median", median);
return true;
}
}
```

步骤15:
格式化需要输出的脚本信息,如图7-44所示。

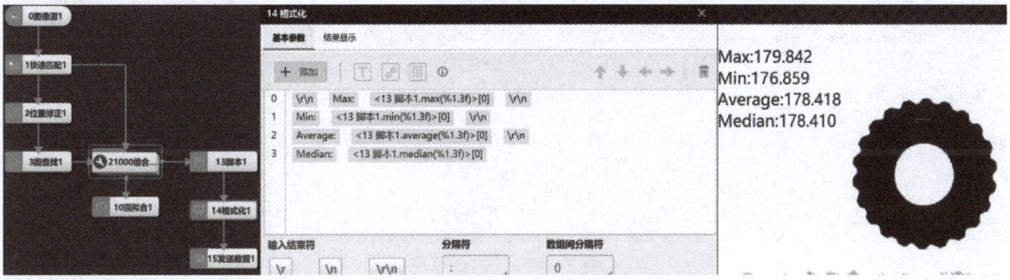

图7-44 输出脚本

步骤 16：

发送数据给需要获取信息的设置（上述在通信管理中通过 TCP 客户端连接到了服务器，并当服务器发送 Run 时运行流程将数据发送出去），如图 7-45 所示。

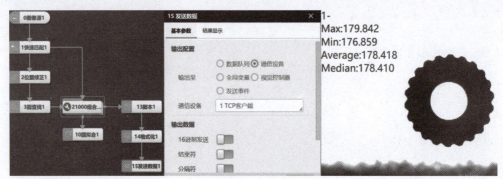

图 7-45　发送数据

步骤 17：

可在流程 1 中配置（扳手图标）好需要输入/输出或显示设置的信息，当流程运行时将直观地看到流程中进行的操作，如图 7-46 所示。

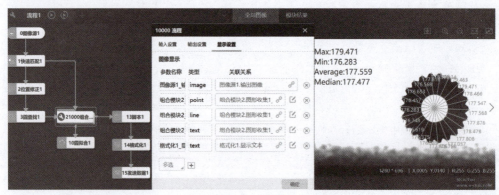

图 7-46　流程

最终程序如图 7-47、图 7-48 所示。

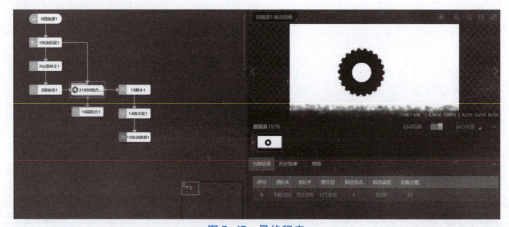

图 7-47　最终程序

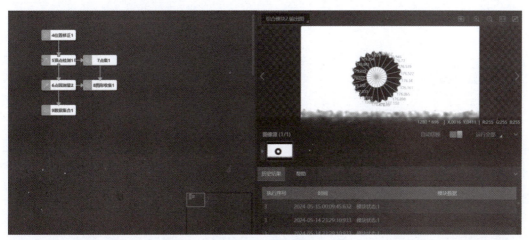

图 7-48　最终程序

拓展任务

测量出图中标定出的尺寸，如图7-49所示，后通过直线拟合，绘制出以四个圆心为顶点所绘制出的正方形，需传输出正方形的长、宽、中心点位置。

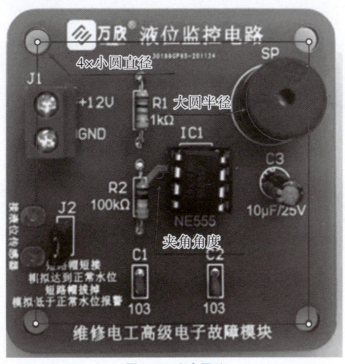

图 7-49　任务图形